污泥处理技术与处置

于丽明 著

吉林科学技术出版社

图书在版编目（CIP）数据

污泥处理技术与处置 / 于丽明著. -- 长春 : 吉林科学技术出版社, 2023.8

ISBN 978-7-5744-0934-7

①I. ①污… II. ①于… III. ①污泥处理 IV. X703

中国国家版本馆CIP数据核字(2023)第201204号

污泥处理技术与处置

著　　者　于丽明
出 版 人　宛　霞
责任编辑　王凌宇
封面设计　树人教育
制　　版　树人教育
幅面尺寸　185mm×260mm
开　　本　16
字　　数　220千字
印　　张　10
印　　数　1-1500册
版　　次　2023年8月第1版
印　　次　2024年2月第1次印刷

出　　版　吉林科学技术出版社
发　　行　吉林科学技术出版社
地　　址　长春市南关区福祉大路5788号出版大厦A座
邮　　编　130118
发行部电话 / 传真　0431—81629529　81629530　81629531
81629532　81629533　81629534
储运部电话　0431—86059116
编辑部电话　0431—81629520
印　　刷　三河市嵩川印刷有限公司

书　　号　ISBN 978-7-5744-0934-7
定　　价　75.00元

前　言

近年来，我国污水处理产业得到快速发展，污水处理能力及处理率增长迅速，相应的污泥产量也不断增加。污泥中含有大量病原体、虫卵、重金属和持久性有机污染物等有毒有害物质，如不经有效处理处置，极易对地下水、土等造成二次污染。国内有大量的污泥需要进行处理处置，污泥处理处置技术的研究在我国起步较晚，随着近几年的快速发展，也有了较为成熟的技术及成功的案例。

本书首先对污泥做了概述，其次讲述了污泥处理技术，接着探讨了基于铝基胶凝固化驱水剂的污泥固化 / 稳定化技术以及污泥的建材与燃料利用，最后介绍了污泥卫生填埋场设计优化和工程示范。本书可供相关领域的技术人员学习、参考。

本书在编写过程中借鉴了一些专家学者的研究成果和资料，在此特向他们表示感谢。由于编写时间仓促，编写水平有限，不足之处在所难免，恳请专家和广大读者提出宝贵意见，予以批评指正，以便改进。

目录

第一章　污泥概论

近年来，随着我国的城市化进程加快，工业生产的迅速发展，城市人口的增加，城市工业废水与生活污水的排放量日益增多；城市污水处理率也逐年提高，城市污水处理厂的污泥产量也急剧增加。据统计，截至 2014 年年底，全国设市城市、县（以下简称城镇，不含其他建制镇）累计建成污水处理厂 3717 座，污水处理能力 1.57 亿立方米·日 $^{-1}$。2015 年全年污水处理量达到 623 亿立方米，污水处理厂年排放污泥量（干重）约为 1789 万吨，如果我国的城市污水全部得到处理，则将产生污泥（干重）1985 万吨，而且年增长率近 10%。美国每年所积累的干污泥量达 1000 万吨以上，日本为 240 万吨。污水污泥的处理处置费用较高，在我国污水处理厂的全部建设费用中，用于处理污泥的占 20%~50%，甚至达 70% 左右。污水污泥的成分很复杂，它是由多种微生物形成的菌胶团及其吸附的有机物和无机物组成的集合体，除含有大量的水分外，还含有用资源，如污泥中含有大量的 N、P、K 等植物所需营养元素，也含有对植物生长有利的微量元素，如 B、Mo、Zn、Mn 等；污泥中含有的有机质和腐殖质对土壤的改良也有很大的帮助；污泥中含有的蛋白质、脂肪、维生素等是有价值的动物饲料成分；污泥中的有机物还含有大量的能量。但也含有难降解的有机物、重金属和盐类，以及少量的病原微生物和寄生虫卵等对环境不利的因素。未经处理的污泥，不仅会对环境造成新的污染，而且会浪费污泥中的有用资源。因此，研究污泥的减量化、无害化、稳定化和资源化是环境科学的课题之一。

第一节　污泥的来源与分类

一、污泥的来源与分类

污泥是按相态分类的废弃物，它由固体和液体的混合物组成，且所含的固体和液体依然保持各自的相态特征。

（一）污泥的来源

污泥来源于以下几个方面：

（1）城市污水处理厂产生的污泥；

（2）城市给水厂产生的污泥；

（3）城市排水沟产生的污泥；

（4）城市水体疏浚淤泥；

（5）城市建筑工地泥浆。

城市污水处理厂分为工业废水处理厂和生活污水处理厂。由于工业废水本身的性质多变，相应的处理工艺变化很大，因此，工业废水处理产生的污泥来源不易定义，污泥的成分和性质有很大的差异。而城市生活污水处理厂的污泥，则因污水性质和处理工艺具有相似性，其在污水处理过程中的来源相对确定。本书主要讨论与城市生活污水处理厂的污泥相关的问题。

（二）污泥的分类

城市污水处理厂污泥可按不同的方法分类，一般可按以下方法分类：

1. 按污水的来源分

按污水的来源分为生活污水污泥和工业废水污泥。

生活污水污泥中有机物含量一般相对较高，重金属等污染物的浓度相对较低。而工业废水污泥的特性受工业性质的影响较大，其中含有的有机物及各种污染物成分也变化较大。

2. 按污水处理厂污泥的不同来源分

（1）栅渣。污水中可用筛网或格栅截留的悬浮物质、纤维织品、动植物残片、木屑果壳、纸张、毛发等物质被称为栅渣。

（2）沉砂池沉渣。沉渣是废水中含有的泥沙等，它们以无机物质为主，但颗粒表面多黏附着有机物质，平均相对密度约为 2.0，容易沉淀，可用沉砂池沉淀去除。

（3）浮渣。浮渣是不能被格栅清除而漂浮于初次沉淀池表面的物质，其相对密度小于 1，如动植物油与矿物油、蜡、表面活性剂泡沫、果壳、细小食物残渣和塑料制品等。二次沉淀池表面也会有浮渣，它们主要来源于池底局部沉淀物或排泥不当，池底积泥时间过长，厌氧消化后随气体（CO_2、CH_4 等）上浮至池面而成。

（4）初沉污泥。初次沉淀池中沉淀的物质称为初沉污泥。初沉污泥是依靠重力沉降作用沉淀的物质，以有机物为主（约占总干重的 60%~90%），易腐烂发臭，极不稳定，呈灰黑色，胶状结构，亲水性，相对密度约 1.02，需经稳定化处理。

（5）剩余活性污泥。污水经活性污泥法处理后，沉淀在二次沉淀池中的物质称为活性污泥，其中排放的部分称为剩余活性污泥。剩余活性污泥以有机物为主（占60%~70%），相对密度为1.004~1.008，不易脱水。

（6）腐殖污泥。污水经生物膜法处理后，沉淀在二次沉淀池中的物质称为腐殖污泥。腐殖污泥主要含有衰老的生物膜与残渣，有机成分占60%左右（占干固体重量），相对密度约为1.025，呈褐色絮状，不稳定，易腐化。

（7）化学污泥。用化学沉淀法处理污水后产生的沉淀物称为化学污泥或化学沉渣。如，用混凝沉淀法去除污水中的磷，投加硫化物去除污水中的重金属离子，投加石灰中和酸性污水产生的沉渣以及酸、碱污水中和处理产生的沉渣均称为化学污泥或化学沉渣。

3. 按污泥处理的不同阶段分

（1）生污泥或新鲜污泥。未经任何处理的污泥。

（2）浓缩污泥。经浓缩处理后的污泥。

（3）消化污泥。经厌氧消化或好氧消化稳定的污泥称为消化污泥。厌氧消化可使45%~50%的有机物被分解成CO_2、CH_4和H_2O。好氧消化是利用微生物的内源呼吸而使自身氧化分解为CO_2和H_2O。消化污泥易脱水。

（4）脱水污泥。经脱水处理后的污泥。

（5）干化污泥。干化后的污泥。

二、我国城市污水处理厂污泥产量状况

由于废水的水质和处理方法不同，设备及操作控制过程不同，以及污泥的含水率不同，因此，不能从处理的污水量中准确推测污泥的产量。目前以生物处理法处理废水占废水处理量的65%，其产生的污泥量占很大的比例。据1996年对全国29家城市污水处理厂的调查，每处理万吨废水污泥的产生量为0.3~3.0t（干重）。1992，年上海市以实际废水处理量核算的万吨废水污泥产生量为2.2~3.2t（干重）。如果全国工业废水处理率为95%，生活污水处理率按实际值（2001年前按18.5%）计算，万吨废水污泥产生量的平均值为2.7t为标准，由此估算我国近几年废水的污泥产生量，如表1-1所示。我国各种污泥的年总产生量已达1 000多万吨。

第二节　污泥的性质

由于污水污泥的来源和形成过程十分复杂，不同来源的污泥，其物理、化学和微生物学特性存在差异，正确了解污泥的各种性质是科学地合理处理处置和利用污泥的前提。

表 1-1　我国近几年来城市污水处理厂的污泥产生量

年度	废水排放量 / 亿吨			生活污水处理率 /%	干污泥量 / 万吨	湿污泥量（含水80%）/ 万吨
	合计	工业	生活			
1998	395.3	200.5	194.8	—	611.6	3 059
1999	401.1	197.3	203.8	—	607.9	3 039
2000	415.2	194.2	220.9	—	608.5	3 042
2001	433.0	202.6	230.3	18.5	634.7	3 174
2002	439.5	207.2	232.3	22.3	671.3	3 357
2003	460.0	212.4	247.6	25.8	717.3	3 586
2004	482.4	221.1	261.3	32.3	795.0	3 975
2005	524.5	243.1	281.4	37.4	907.7	4 539
2006	536.8	240.2	296.6	43.8	966.9	4 834
2007	556.8	246.6	310.2	49.1	1 043.8	5 219
2008	571.7	241.7	330	57.4	1 131.4	5 657
2009	589.7	234.5	355.2	63.3	1 208.6	6 043
2010	617.3	237.5	379.8	72.9	1 356.7	6 784
2011	659.2	230.9	427.9	—	—	—
2012	684.8	221.6	462.7	78.2	1 545.3	7 726
2013	695.4	209.8	485.1	81.98	1 611.9	8 059
2014	716.2	205.3	510.3	84.89	1 696.2	8 481
2015	735.32	199.5	535.2	88.0	1 789.1	8 945

一、污泥的物理性质

（一）污泥的物理特性

城市污水厂不同工艺环节产生的污泥有不同的特性，如表 1-2 所示。

（二）污泥含水（固）率

单位质量的污泥中所含水分的质量百分数称含水率；而相应的固体物质在污泥中所含

的质量百分数称为含固率。污泥的含水率一般都很大，相对密度接近于 1，而固体的含量很低。

污泥的含水率

$$P_w = \frac{W}{W+S} \times 100\% \tag{1-1}$$

式中，P_w 为污泥含水率，%；W 为污泥中水分质量，g；S 为污泥中总固体质量，g。

表 1-2 污泥的物理特性

污泥（包括固体）	特性
栅渣	含水率一般为 80%，容重约为 0.96 $t \cdot m^{-3}$
无机固体颗粒	无机固体颗粒的密度较大，沉降速度较快。在这些固体颗粒中也可能含有有机物，特别是油脂，其数量的多少取决于沉砂池的设计和运行情况。无机固体颗粒的含水率一般为 60%，容重约为 1.5 $t \cdot m^{-3}$
浮渣	浮渣中的成分较复杂，一般可能含有油脂、植物和矿物油、动物脂肪、菜叶、毛发、纸和棉织品、橡胶避孕用品、烟头等。浮渣的容重一般为 0.95 $t \cdot m^{-3}$ 左右
初沉污泥	由初次沉淀池排出的污泥通常为灰色糊状物，多数情况下有难闻的臭味， 如果沉淀池运行良好，则初次污泥很容易消化。初次污泥的含水率一般为 92%~98%，典型值为 95%。污泥固体密度为 1.4 $t \cdot m^{-3}$，污泥容重为 1.02 $t \cdot m^{-3}$
化学沉淀污泥	由化学沉淀排出的污泥一般颜色较深，如果污泥中含有大量的铁，也可能 呈红色，化学沉淀污泥的臭味比普通的初沉污泥要轻
活性污泥	活性污泥为褐色的絮状物。如果颜色较深，表明污泥可能近于腐殖化；如果颜色较淡，表明污泥可能曝气不足。在设施运行良好的条件下，活性污泥没有特别的气味，活性污泥很容易消化，活性污泥的含水率一般为 99%~99.5%，污泥固体密度为 1.35-1.45 tm^{-3}，污泥容重为 1.005 $t \cdot m^{-3}$
生物滤池污泥	生物滤池的污泥带有褐色。新鲜的污泥没有令人讨厌的气味，生物滤池的污泥能够迅速消化，生物滤池污泥的含水率为 97%~99%，典型值为 98.5%。污泥固体密度为 1.45 $t \cdot m^{-3}$，污泥容重为 1.025 $t \cdot m^{-3}$
好氧消化污泥	好氧消化污泥为褐色至深褐色，外观为絮状。好氧消化污泥常有陈腐的气味，消化的污泥易于脱水，污泥含水率：当为剩余活性污泥时为 97.5%~99.25%，典型值为 98.75%；当为初沉污泥时为 93%~97.5%，典型值为 96.5%；当为初沉污泥和剩余活性污泥的混合污泥时为 96%~98.5%，典型值为 97.5%
厌氧消化污泥	厌氧消化污泥为深褐色至黑色，并含有大量的气体。当消化良好时，其气味较轻。污泥含水率：当为初沉污泥时为 90%~95%，典型值为 93%；当为初沉污泥和剩余活性污泥的混合污泥时为 93%~97.5%，典型值为 96.5%

污泥的含固率

$$P_s = \frac{S}{W+S} \times 100\% \tag{1-2}$$

式中，P_S 为污泥含固率，%；W 为污泥中水分质量，g；S 为污泥中总固体重量，g。由（1-1）和（1-2）可得出

$$W = \frac{S(1-P_s)}{P_s} \tag{1-3}$$

代表性污泥的含水率见表 1-3。

表 1-3　代表性污泥的含水率

名称	含水率 /%	名称	含水率 /%
栅渣	80	浮渣	95~97
沉渣	60	生物滴滤池污泥	
腐殖污泥	96~98	慢速滤池	93
初次沉淀污泥	95~97	快速滤池	97
混凝污泥	93	厌氧消化污泥	
活性污泥		初次沉淀污泥	85~90
空气曝气	98~99	活性污泥	90~94
纯氧曝气	96~98	—	—

污泥含水率与其相态的关系，见表 1-4。

表 1-4　污泥含水率与其相态的关系

含水率 /%	污泥状态	含水率 /%	污泥状态
90 以上	几乎为液体	60~70	几乎为固体
80~90	粥状物	50	黏土状
70~80	柔软状	30~40	可离散状

（三）污泥密度与体积

污泥是一种混合物，固体物质包括有机物和无机物。一般有机物的密度为 1.0g·cm^{-3}，而无机物的密度为 2.5g·cm^{-3}。如果含水率为 90% 的污泥中 1/3 的固体是无机物，而 2/3 是有机物，则污泥中固体的密度折算为 1.5g·cm^{-3}，而污泥的密度为 1.02g·cm^{-3}。

污泥的体积是污泥中水的体积与固体体积之和，即

$$V = \frac{W}{\rho_W} + \frac{S}{\rho_S} \tag{1-4}$$

式中，V 为污泥体积，cm^3；W 为污泥中的水分质量，g；S 为污泥中总固体质量，g；ρ_W 为污泥中水的密度，g·cm^{-3}；ρ_S 为污泥中固体的密度，g·cm^{-3}。

将公式（1-3）代入（1-4）可得

$$V = S(\frac{1}{P_S \rho_W} - \frac{1}{\rho_W} + \frac{1}{\rho_S}) \tag{1-5}$$

由式（1-5）可算出 100g 含水率为 90% 的污泥的体积是 96.7cm³。

污泥的体积、质量和含水率存在下面的比例关系：

$$\frac{V_1}{V_2} = \frac{W_1}{W_2} = \frac{100 - P_2}{100 - P_1} \tag{1-6}$$

由式（1-6）可得出污泥含水率与体积变化的关系（表 1-5）。当污泥含水率由 98% 降到 96% 时，或 96% 降到 92% 时，污泥体积都能减少一半。由表中的数据可知，污泥含水率极高，降低污泥的含水率对减容的作用也大。

表 1-5 污泥含水率与体积变化的关系

含水率 /%	98	96	92	84	68
体积 /m³	100	50	25	12.5	6.25

注：污泥固体物质含量 2kg

（四）污泥的脱水性能

1. 污泥比阻

污泥比阻用来衡量污泥脱水的难易程度，它反映了水分通过污泥颗粒形成泥饼层时，所受到阻力的大小。污泥比阻为单位过滤面积上，过滤单位质量的干固体所受到的阻力，其单位为 $m \cdot kg^{-1}$。一般来说，初沉污泥比阻为（20~60）× 10^{12} $m \cdot kg^{-1}$，活性污泥比阻为（100~300）× 10^{12} $m \cdot kg^{-1}$，厌氧消化污泥比阻为（40~80）× 10^{12} $m \cdot kg^{-1}$。比阻小于 1×10^{11} $m \cdot kg^{-1}$ 的污泥易于脱水，大于 1×10^{13} $m \cdot kg^{-1}$ 的污泥难以脱水。在机械脱水前，应进行污泥的调理，以降低比阻。

污泥比阻公式是从过滤基本方程式得出的：

$$\frac{dV}{dt} = \frac{PA^2}{\mu(rmV + R_m A)} \tag{1-7}$$

式中，V 为滤液的体积，m^3；P 为过滤压力（滤饼上、下表面间的压力差），$N \cdot m^{-2}$；A 为过滤面积，m^2；t 为过滤时间，s；μ 为滤液的动力黏度，$N \cdot s \cdot m^{-2}$；m 为过滤介质上被截留的固体质量，$kg \cdot m^{-3}$；r 为污泥的比阻，$m \cdot kg^{-1}$；Rm 为过滤介质的阻抗，m^{-2}。

在压力恒定的条件下，将公式（1-7）对时间积分后，可得：

$$\frac{t}{V} = \frac{\mu rm}{2PA^2} V + \frac{\mu R_m}{PA} \tag{1-8}$$

公式（1-8）是直线方程式，设斜率为 b，则：

$$b=\frac{\mu rm}{2PA^2} \tag{1-9}$$

由此得出污泥的比阻公式：

$$r=\frac{2bPA^2}{\mu m} \tag{1-10}$$

从公式（1-10）可见，污泥比阻与 b 值、过滤压力 P 及过滤面积 A 的平方成正比，而与滤液的动力黏度 μ 及固体质量 m 成反比。b 值和 m 要通过实验测定。不同类别的污泥，其比阻差别较大。污泥的比阻和脱水性能成反比，一般来说，比阻小于 1×10^{11} $m\cdot kg^{-1}$ 的污泥易脱水，比阻大于 1×10^{13} $m\cdot kg^{-1}$ 的污泥难脱水。

2. 污泥比阻测定

污泥比阻测定装置，如图 1-1 所示，实验步骤如下：

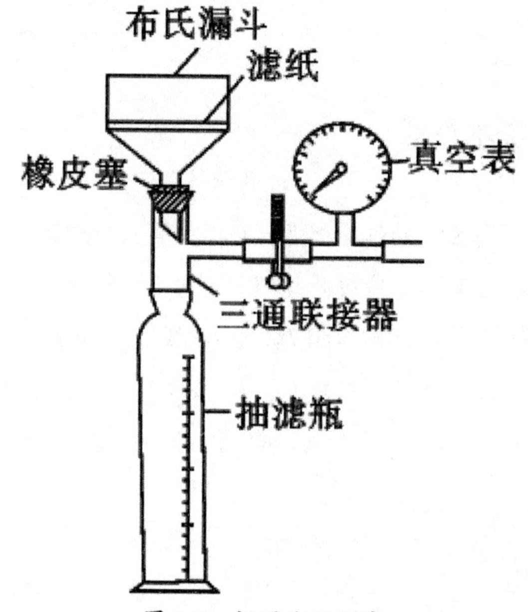

图 1-1　污泥比阻测定

（1）先准备一只已放置滤纸的布氏漏斗。

（2）将其与量筒连接，用少量水把滤纸润湿，调节真空度为 40~50mmHg。

（3）把 200mL 滤液倒入漏斗，并开始计时。

（4）记下不同时间的滤液体积，直至滤饼龟裂真空度破坏再持续一段时间。

（5）将滤饼烘干称重，计算出单位过滤液在过滤介质上，被截留的固体质量。

（6）绘制 t/V-V 图，从直线斜率求出 b 值，代入式（1-10）即可求出比阻 r。

3. 压缩系数

压缩系数 s 用来反映污泥的渗滤性质，过滤时压力不同比阻会发生变化，其关系为：

$$r = r_0 P^s \tag{1-11}$$

式中，r 为过滤压力为 P 时污泥的比阻，$m \cdot kg^{-1}$；r_0 为无污泥时过滤介质的比阻，$m \cdot kg^{-1}$；s 为压缩系数；P 为过滤压力，$N \cdot m^{-2}$。

将式（1-11）两边取对数得

$$\lg r = \lg r_0 + s \lg P \tag{1-12}$$

从式（1-12）可见，测定不同 P 时的 r 值，在双对数坐标上作图即得一直线，斜率即为压缩系数 s 值。

（五）污泥的臭气

污泥本身有气味，而且是常常发出臭味，也会散发出有害气体。污泥散发出的臭气直接影响大众的身心健康，因而也是污泥处理中公众关注的问题之一，人们难于忍受恶臭。已经被认定为恶臭污染物的有脂肪酸（如醋酸）、氨和胺（氨的有机衍生物）、苯环上带有氮原子的芳香族有机物（如吲哚和臭粪素）、硫化氢、有机硫化物（硫醇）和很多其他有机化合物。

微生物分解污水中有机物质，形成新的有机化合物并释放出二氧化碳、水、硫化氢、氨、甲烷和相当数量的中间产物。这些有机化合物中的相当一部分都是严重的臭味污染物，并沉积在污泥中。污泥中臭气的化学成分非常复杂，臭味污染物很难分类，其原因是它们的浓度低、分子结构复杂、在空气中的保留时间短、来源和存在条件多变等。臭味污染物主要分为两类：一是含硫有机化合物包括硫醇（通式为 C_xH_ySOH）、有机硫（C_xH_yS）和硫化氢（H_2S）等；二是含氮有机化合物，包括各种复杂的胺（C_xH_yNH）、氨（NH_3）和其他含 N 和 NH_2 原子团的有机物。大多数臭气污染物（除胺和氨以外）的臭味阈值浓度都非常低。

表 1-6 给出了一些污泥中的臭气污染物以及阈值浓度和臭味特征。

表 1-6 污泥中的臭气污染物

臭气污染物	阈值浓度 /$X10^{-6}$（体积分数）	臭味特性
含硫化合物		
硫化氢	3~5	臭鸡蛋味
硫醇		
烯丙硫醇	0.05	强烈的大蒜味
戊硫醇	0.3	难闻的腐烂味
苄硫醇	0.2	难闻的味道
丁烯硫醇	0.03	臭鼬味
乙硫醇	0.2	腐烂的白菜味

续表

臭气污染物	阈值浓度 /X10⁻⁶（体积分数）	臭味特性
甲硫醇	1.0	腐烂的白菜味
丙硫醇	0.07	难闻的味道
丁硫醇	0.08	臭鼬味
有机硫化物		
二甲基硫醚	2.5	腐烂的蔬菜味
二苯硫醚	< 0.05	难闻的味道
二甲基二硫醚	< 0.05	难闻的味道
其他		
硫代甲酚	0.1	臭鼬味
硫代苯酚	0.06	轻微的大蒜味
二氧化硫	9.0	刺激性气味
含氮化合物		
氨	3000~15000	刺激性气味
胺		
丁胺	10	氨气味
二丁胺	16	腥臭味
二异丙胺	35	腥臭味
二甲胺	45	腐烂的腥臭味
乙胺	800	氨气味
甲胺	200	腐烂的腥臭味
三乙胺	80	氨气味
三甲胺	50	氨气味
其他		
尸胺	<1.0	烂肉味
吲哚	<1.0	烘便味
腐胺	<1.0	腐烂味
吡啶	3~5	刺激性的味道
烘臭素	1~2	烘便味
其他碳氢化合物		
乙醛	4.0	刺激性的水果味
氯酚	0.2	医药味

（六）污泥的燃料热值

干污泥中含有大量的有机物质，因此污泥含有热能，具有燃料价值。由于污泥的含水率因生产与处理状态不同有较大差异，故其热值一般均以干基（d）或干燥无灰基（daf）形式给出。表 1-7 列出了城市污水厂污泥含有的热值。从表中可见，城市污水处理厂污泥含有较高的热值，在一定含水率以下，具有用作能源的可能。

表 1-7　我国城市污水污泥与煤的热值

燃料种类	挥发分 /%	热值（干基）/$MJ \cdot kg^{-1}$	备注
初沉污泥	45.2	10.72	天津纪庄子污水厂
二沉污泥	55.2	13.30	
消化污泥	44.6	9.89	
混合污泥	84.5	20.43	上海金山污水厂
无烟煤	0~14	25~29	
烟煤	20~45	21~29	
褐煤	—	<17	

污泥经过厌氧消化产生的沼气（甲烷）是优质燃料。

二、污泥的化学性质

（一）污泥的基本理化特性

城市污水处理厂污泥的基本理化成分，如表 1-8 所示。从表中可见，城市污水处理厂污泥以挥发性有机物为主，有一定的反应活性，理化特性随处理状况的变化而变化。

表 1-8　城市污水处理厂污泥的基本理化成分

项目	初次污泥	剩余活性污泥	厌氧消化污泥
pH	5.0~6.5	6.5~7.5	6.5~7.5
干固体总重 /%	3~8	0.5~1.0	5.0~10.0
挥发性固体总重（干重）/%	60~90	60~80	30~60
固体颗粒密度 /$g \cdot cm^{-3}$	1.3~1.5	1.2~1.4	1.3~1.6
容重	1.02~1.03	1.0~1.005	1.03~1.04
BOU/VS	0.5~1.1		
COD/VS	1.2~1.6	2.0~3.0	
碱度（以 $CaCO_3$ 计）/$mg \cdot L^{-1}$	500~1500	200~500	2 500~3 500

（二）污泥中的植物营养成分

植物生长需要的大量营养元素包括碳、氧、氢、氮、磷、钾、钙、镁和硫；微量营养元素包括氯、铁、锰、硼、锌、铜和钼。污泥中含有丰富的植物养分，表 1-9 给出了不同类型污泥的植物营养成分及含量。

表 1-9　不同类型污水污泥的植物养分含量（%）

污泥类型	总氮 (TN)	磷 (P_2O_5)	钾（K）	腐殖质	有机物	灰分
中国：初沉污泥	2.0~3.4	1.0~3.0	0.1~0.3	33	30~60	50~75
剩余活性污泥	2.8~3.1	1.0~2.0	0.11~0.8	47		
生物滤池污泥	3.5~7.2	3.3~5.0	0.2~0.4	41	60~70	30~40
美国：初沉污泥	1.5~4	0.8~2.8	0~1			
剩余活性污泥	2.4~5.0	2.8~11.0	0.5~0.7			

（三）污泥中的有机物

污泥中的有机物含量较大，大部分有机物能被微生物逐渐降解，但，有些有机污染物对人和环境危害很大，如苯并（α）芘。表 1-10 给出了污泥中有机物组成及其碳氮比。

表 1-10　污泥中有机物组成及其碳氮比

名称	初沉污泥	剩余活性污泥（二沉污泥）	大厌氧消化污泥
有机物含量 /%	60~90	60~80	30~60
纤维素含量（占干重）/%	8~15	5~10	8~15

续表

名称	初沉污泥	剩余活性污泥（二沉污泥）	大厌氧消化污泥
半纤维素含量（占干重）/%	2~4		
木质素含量（占干重）/%	3~7		
油脂和脂肪含量（占干重）/%	6~35	5~12	5~20
蛋白质含量（占干重）/%	20~30	32~41	15~20
碳氮比	(9.4~10)：1	(4.6~5.0)：1	

（四）污泥中污染物质

污泥中的污染物质主要有重金属和有机污染物。目前，重金属的研究分析比较全面，报道的数据较多；而对有机污染物的研究还不多，数据缺乏。表 1-11 给出了国内外一些城市污水厂污泥重金属含量及我国农业部《农用污泥中污染物控制标准》中所规定的重金属含量。

表 1-11　城市污水厂污泥重金属成分及含量（mg）

污水厂		Zn	Cu	Ni	Hg	As	Cd	Pb	Cr
上海曲阳污水厂		3 740	350.0	34.8	1.22	5.68	0.85	9.95	15.77
上海龙华污水厂		1 370	101.0	17.3	0.19	1.51	0.19	0.95	1.13
上海曹杨污水厂		146.7	146.0	42.9	6.04	15	5.55	129.0	70
上海天山污水厂		1 615	426.0	42.6	7.8	21.9	1.49	116	46.6
上海吴淞污水厂		149	226	65.2	1.12	2.32	0.097	7.27	3.74
上海闵行污水厂		1 090	119	32.2	2.16	7.1	1.67	76.5	53.4
上海北郊污水厂		2 467	158	44.6	9.25	33.4	2.52	108	21.9
广州大坦沙污水厂		3 394	1 225	693.1	1.96	57.12	2.56	120.0	1 550
西安污水厂		2 803	605.8	266	2.37	23.8	1.30	374	1423
太原杨家堡污水厂		775.1	149.2	39.1	6.96	19.8	0.95	54.5	42.6
太原北郊污水厂		1 525	222.6	32.4	6.43	15.5	0.65	49.8	271.1
太原殷家堡污水厂		1 423	3 068	397.1	6.4	23.3	4.30	56.6	1411
太原镇城底矿污水厂		168.6	39.3	27.3	0.68	5.60		66.6	43.9
太原古交污水厂		261.2	28.4	32.9	0.61	9.18	0.05	42.3	49.1
杭州四堡污水厂		4 205	367.1	467.6	1.86	12.95	3.55	135.5	537.2
上海金山石化污水厂		8 352	193	53.0	2.5	7.50	2.40	371	249
农用污泥标准（GB 4284—84）	酸性土壤	500	250	100	5	75	5	300	600
	中性与碱性土壤	1 000	500	200	15	75	20	1 000	1 000
美国污水污泥		2 200	700	52	—	—	12	480	380
英国污水污泥		2 874	1 121	201	—	—	107	900	887
瑞典污水污泥		1 570	560	51	—	—	6.7	180	86
日本污水污泥		1 200	210	39	—	1.4	2.1	52	49

三、污泥微生物学特性

污泥中存在多种微生物群体及各种寄生虫卵。微生物群体在污泥的处理和实际利用中起到双重作用，既有益于污泥的分解作用，也可以导致很多人和动物的疾病。初沉污泥、二沉污泥和混合污泥中细菌与病毒的种类及其浓度，如表 1-12 所示。

表 1-12　初沉污泥、二沉污泥和混合污泥中细菌与病毒的种类及浓度（个 / 克）

污泥类型	细菌总数 /X105	粪大肠菌群数 /X105	寄生虫卵含量 /X10
初沉污泥	471.7	158.0	23.3（活卵率 78.3%）
活性污泥	738.0	12.1	17.0（活卵率 67.8%）
消化污泥	38.3	1.2	13.9（活卵率 60.0%）

第三节　污泥处理处置的现状

一、污泥处理处置的一般原则

《城镇污水处理厂污泥处理处置技术指南（试行）》提出了污泥处理处置的原则和基本要求。

污泥的处理处置是污水处理的重要环节，污泥的处理主要指对污泥进行减量化、无害化、稳定化处理过程；污泥的处理是指对处理后的污泥进行消纳的过程。污泥如果进行适当处理和合理的利用，可以变废为宝，增加经济效益，保证污水处理的效果，避免产生二次污染。我国污泥处理处置应符合“安全环保、循环利用、节能降耗、因地制宜、稳定可靠”的原则。安全环保是污泥处理处置必须坚持的基本要求。污泥中含有病原体、重金属和持久性有机物等有毒有害物质，在进行污泥处理处置时，根据必须达到的污染控制标准，应对所选择的处理处置方式进行环境安全性评价，并采取相应的污染控制措施，确保公众健康与环境安全。

循环利用是污泥处理处置应努力实现的重要目标。污泥的循环利用体现在污泥处理处置过程中，充分利用污泥中所含有的有机质、各种营养元素和能量。污泥循环利用，一是土地利用，将污泥中的有机质和营养元素补充到土地中；二是通过厌氧消化或焚烧等技术回收污泥中的能量。

节能降耗是污泥处理处置应充分考虑的重要因素。应避免采用消耗大量的优质清洁能源、物料和土地资源的处理处置技术。鼓励利用污泥厌氧消化过程中产生的沼气热能、垃圾和污泥焚烧余热、发电厂余热或其他余热作为污泥处理处置的热源。

因地制宜是污泥处理处置方案比选决策的基本前提。应综合考虑污泥泥质特征及未来的变化、当地的土地资源及特征、可利用的水泥厂或热电厂等工业窑炉状况、经济社会发展水平等因素，确定本地区的污泥处理处置技术路线和方案。

稳妥可靠是污泥处理处置贯穿始终的必需条件。选择处理处置方案时，应优先采用先进成熟的技术。对于研发中的新技术，应经过严格的评价、生产性应用以及工程示范，确认可靠后，方可采用；在制订污泥处理处置规划方案时，应根据污泥处理处置阶段性特点，同时考虑应急性、阶段性和永久性三种方案，最终应保证永久性方案的实现；在永久性方案完成前，可把充分利用其他行业资源进行污泥处理处置作为阶段性方案，并应具有应急性处理处置方案，防止污泥随意弃置，保证环境安全。

一般认为，污泥的处理是对污泥进行浓缩、调理、脱水、稳定、干化或焚烧的加工过程，这些过程可实现污泥的减量化、无害化和稳定化；污泥的处置是对污泥的最终安排，一般将污泥用作农肥、制作建筑材料、烧毁和填埋，而污泥的有效利用可以实现污泥的资源化。

（一）减量化

污泥的含水率高，一般大于 90%，不利于贮存、运输和消纳，污泥中水的减量化十分重要。从表 1-5 中可以看出污泥从含水率 98% 降低为 96% 时，体积减小一半；含水率降低到 68%，污泥体积只是原来的 6.25%，体积减小显著。另外，还有通过多种方法使污泥中的有机物减少，以达到污泥的减量化。

（二）稳定化

污泥中有机物含量很高，极易腐败并产生恶臭。在污泥处理过程中，可采用生物好氧或厌氧消化工艺，使污泥中的有机物降解，转化成稳定的产物；也可添加化学药剂，终止污泥中微生物的活性，来稳定污泥。如加入石灰，使污泥的 pH 值提高到 11~12，可抑制微生物的生长，杀灭污泥中的病原体。但，化学稳定法不能使污泥长期稳定，如果污泥长期放置后，污泥的 pH 值会逐渐降低，微生物又恢复活性，从而使污泥失去稳定性。

（三）无害化

污泥中，尤其是初沉污泥中，含有大量病原菌、寄生虫卵及病毒，易造成疾病的传染。污泥经消化（稳定化）后，可减少病原菌、寄生虫卵及病毒。污泥中的重金属和有害有机物也必须进行无害化处理处置，以免造成二次污染。

（四）资源化

污泥本身也是一种资源。污泥含有植物生长所需的营养成分氮、磷、钾等，有利于植物生长；也含有大量的可利用能源。通过多种途径合理利用，降低污泥造成的环境压力。

二、污泥处理处置设施规划建设的基本要求

污泥处理处置设施建设，应首先编制污泥处理处置规划。污泥处理处置规划应与本地区的土地利用、环境卫生、园林绿化、生态保护、水资源保护、产业发展等有关专业规划相协调，符合城乡建设总体规划，并纳入城镇排水或污水处理设施建设规划。污泥处理处置设施应与城镇污水处理厂同时规划、同时建设、同时投入运行。

污泥处理处置设施宜相对集中设置，污泥处置方式可适当多样化，污泥处理处置设施的选址应与水源地、自然保护区、人口居住区、公共设施等保持足够的安全距离。

三、污泥处理处置过程管理的基本要求

污泥处理处置应遵循全过程管理与控制原则。应从源头开始制订全过程的污染物控制计划，包括工业清洁生产、厂内污染物预处理、污泥处理处置工艺的强化等环节，加强污染物总量控制。

污泥运输应采用密闭车辆和密闭驳船及管道等输送方式。加强运输过程中的监控和管理，严禁随意倾倒、偷排等违法行为，防止因暴露、撒落或滴漏造成对环境的二次污染。城镇污水处理厂、污泥运输单位和各污泥接收单位应建立污泥转运联单制度，并定期将转运联单统计结果上报地方主管部门。

污泥处理处置运营单位应建立完善的检测、记录、存档和报告制度，对处理处置后的污泥及其副产物的去向、用途、用量等进行跟踪、记录和报告，并将相关资料保存 5y 以上。

应由具有相应资质的第三方机构，定期就污泥土地利用对土壤环境质量的影响、污泥填埋对场地周围综合环境质量的影响、污泥焚烧对周围大气环境质量的影响等方面进行安全性评价。

污泥处理处置运营单位应严格执行国家有关安全生产法律法规和管理规定，落实安全生产责任制；执行国家相关职业卫生标准和规范，保证从业人员的卫生健康；制订相关的应急处置预案，防止危及公共安全的事故发生。

四、污泥处理处置的基本工艺流程

我国污泥处理处置的工艺水平不断提高，污泥处理处置的方法很多，基本的工艺流程，

见图 1-2。各污水处理厂的工艺不完全相同，在决定污泥处理工艺时，不仅要从环境效益、社会效益和经济效益全面权衡，还要对各种处理工艺进行探讨和评价，根据实际情况选定。

污泥的处理处置工艺大体可分为以下几类（图 1-2）：

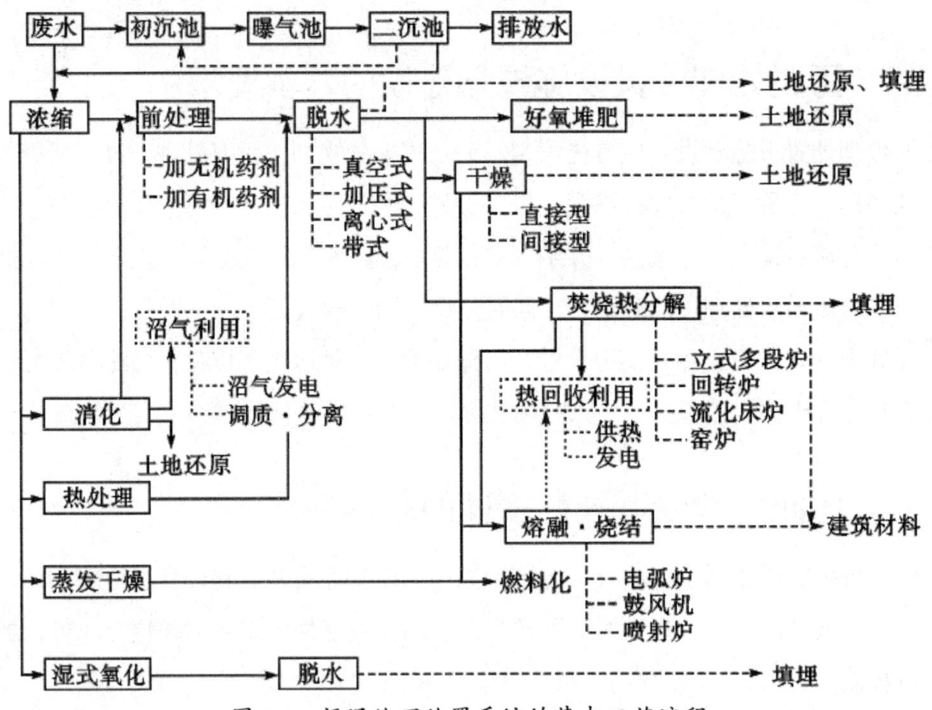

图 1-2　污泥处理处置系统的基本工艺流程

（1）浓缩→前处理→脱水→好氧消化→土地还原；

（2）浓缩→前处理→脱水→干燥→土地还原；

（3）浓缩→前处理→脱水→焚烧（或热分解）→灰分填埋；

（4）浓缩→前处理→脱水→干燥→熔融烧结→做建材；

（5）浓缩→前处理→脱水→干燥→做燃料；

（6）浓缩→厌氧消化→前处理→脱水→土地还原；

（7）浓缩→蒸发干燥→做燃料；

（8）浓缩→湿法氧化→脱水→填埋。

五、我国污泥处理处置的现状及存在问题

随着我国国民经济的发展和城市的现代化建设，城市的环境和生态平衡的要求，城市污水处理厂的兴建与运行管理已经成为现代化城市建设不可分割的一部分。各地都在做改善水质、污水处理、污水回收利用、污泥处理处置的工作。据统计，1993 年全国已建成和在建的污水处理厂已达 117 座，污水处理能力达到 513.6 万吨·日$^{-1}$，污泥产量约 2.1 万吨·日$^{-1}$；

到2007年底，全国投入运行的城镇污水处理设施共1178座，设计处理能力7 206万吨·日$^{-1}$，平均日处理水量5 320万吨·日$^{-1}$，污泥产量约26.6万吨·日$^{-1}$。截至2014年年底，全国设市城市、县（以下简称城镇，不含其他建制镇）累计建成污水处理厂3 717座，污水处理能力1.57亿立方米·日$^{-1}$。2015年全年污水处理量达到623亿立方米，生活污水处理率达到88.4%。污水处理厂年排放污泥量（干重）约为1 789万吨，如果我国的城市污水全部得到处理，则将产生污泥（干重）1 985万吨。

我国污泥的年增长率达到10%，而污水污泥处理费用占污水处理厂总运行费用的20%~50%，投资占污水处理厂总投资的30%~40%，目前，中国污泥无害化处理率非常低，即使是发达城市也仅为20%~25%，成为城市污水处理最主要的二次污染源。目前，我国污泥处理处置主要方法中，污泥农用约占44.8%、陆地填埋约占31%、其他处置约占10.5%、没有处置约占13.7%，这些所谓的“处理”和“处置”基本上是在特定的条件下估算的，严格来说以上数字将会有很大变动。污水处理和污泥处理是解决城市水污染问题同等重要而又紧密关联的两个系统，但长期以来，我国存在着重废水处理、轻污泥处理的倾向。

污泥产生量的与日俱增与污泥处理能力的严重不足、处理手段的严重落后形成尖锐的矛盾，大量的湿污泥随意外运、简单填埋或堆放，致使许多城市出现了“污泥围城”的现象，由此带来严重的二次环境污染，并已威胁到人类的健康，使污水处理工作达不到预期的效果。污泥处理问题已经成为我国无法回避的城市环境问题。

目前存在的主要问题：一方面由于历史欠账较多，在一段时间内仍不能摆脱污泥处理率低，工艺不完善；处理技术单一，装备水平落后；处置保障率低，二次污染风险较大等问题。当前普遍存在的污泥处置出路仍然是农用和堆放，这些简单粗放的处置方式，不但不能有效处理污泥中的有害物质，还会造成污染的转移。另一方面，在新的污泥处理处置设施规划建设过程中，有盲目夸大污泥的资源化价值的现象，回避污泥处理处置过程中，其他单元需要的巨大的能源和费用投入，使人误认为污泥是一种资源，污泥处理可以赢利。实际上，污泥是一种性质复杂、污染物含量高、潜在环境风险巨大的污染物，对它的处理必须实现污染物的减量化、稳定化和无害化。在此基础上再进一步考虑资源化的可能性，降低污泥处理的成本。如果反其道而行，把污泥首先定位为资源，势必造成污泥处理设施的经营者盲目追求资源开发的赢利，忽视污泥的污染性，甚至不惜把环境成本外部化。目前的技术发展很难实现污泥处理净赢利，以污泥干化焚烧发电为例，污泥干化的成本要远高于焚烧发电带来的收益。从整体上看，污泥处理仍然需要政府补贴，资源化只能在一定程度上降低总体成本。作为政府和社会资金支持的市政公用事业，仍必须把实现污泥无害化作为首要目标。

污泥处理是一个高能耗、高投入的过程，正因为如此，长期以来我国的城市污泥得不到有效的处理。目前，污泥处理的问题虽然得到了广泛的重视，但处理成本偏高仍是制约在全国范围内妥善解决污泥问题的重要因素。污泥中含有大量微生物的菌体和有机胶体物质，导致污泥黏度大、机械脱水困难。国内污水处理厂采用机械脱水的方法，通常只能将含水率降低到 80% 左右。从污水处理厂排出的污泥，每 100t 中含有 80t 水，大量的水为污泥的后续处理带来重重困难。

对于最简单且廉价的堆放或者填埋而言，黏稠的污泥会在堆填场地内形成沼泽状，作业机械无法正常作业施工。堆填量大的，还会发生堆体坍塌等事故。如果在垃圾卫生填埋场填埋，会严重影响填埋场的正常作业。因此，2007 年建设部出台的《城镇污水处理厂污泥处置——混合填埋泥质》标准和 2008 年环境保护部出台的《生活垃圾填埋污染控制标准（GB16889—2008）》中都明确规定：污泥混合填埋含水率应小于 60%。

这意味着每吨含水率 80% 的污泥还需要脱除更多的水。然而，污泥含水率达到 80% 以后，就很难再依靠机械脱水机进一步脱水，常见的方法是采用加热蒸发的方法将水除掉。这是污泥处理过程中能量消耗最大的环节，也是决定污泥处理成本的主要因素。因此，发展低耗能的污泥脱水方法，成为降低污泥处理成本关键，也是污泥处理的关键技术问题。

污水、污泥的处理在我国任重而道远。在《国务院关于印发“十三五”生态环境保护规划的通知》（国发〔2016〕65 号）中，对我国的环境形势阐述如下：

加快完善城镇污水处理系统。全面加强城镇污水处理及配套管网建设，加大雨污分流、清污混流污水管网改造，优先推进城中村、老旧城区和城乡接合部污水截流、收集、纳管，消除河水倒灌、地下水渗入等现象。到 2020 年，全国所有县城和重点镇具备污水收集处理能力，城市和县城污水处理率分别达到 95% 和 85% 左右，地级及以上城市建成区基本实现污水全收集、全处理。提升污水再生利用和污泥处置水平，大力推进污泥稳定化、无害化和资源化处理处置，地级及以上城市污泥无害化处理处置率达到 90%，京津冀区域达到 95%。控制初期雨水污染，排入自然水体的雨水须经过岸线净化，加快建设和改造沿岸截流干管，控制渗漏和合流制污水溢流污染。因地制宜、一河一策，控源截污、内源污染治理多管齐下，科学整治城市黑臭水体；因地制宜实施城镇污水处理厂升级改造，有条件的应配套建设湿地生态处理系统，加强废水资源化、能源化利用。敏感区域（重点湖泊、重点水库、近岸海域汇水区域）城镇污水处理设施应于 2017 年底前，全面达到一级 A 排放标准。建成区水体水质达不到地表水Ⅳ类标准的城市，新建城镇污水处理设施要执行一级 A 排放标准。到 2020 年，实现缺水城市再生水利用率达到 20% 以上，京津冀区域达到 30% 以上。将港口、船舶修造厂环卫设施、污水处理设施纳入城市设施建设规划，提升含油污水、化学品洗舱水、生活污水等的处置能力。实施船舶压载水管理。

世界各国对污泥处理处置方法大同小异，主要有填埋、焚烧和多种形式的土地利用。

各国对污泥处理处置方法选择各有侧重，如表 1-13 所示。在美国逐渐以土地利用为主，20 世纪 80 年代末，以填埋为主约占 42%，1998 年，土地利用急剧上升至 59%，2010 年，污泥有效利用（含土地利用）的比例为 70%；2000 年，日本由于国土面积较小，以焚烧为主约占 76%，土地利用 10%，填埋 8%，其他约 6%；欧盟各成员国的侧重不尽相同，目前卢森堡、丹麦和法国以污泥农用为主，爱尔兰、芬兰和葡萄牙等国污泥农用的比例还会逐步增加，而法国、卢森堡、德国和荷兰则计划加大焚烧的比例。即使一个国家的不同地区也有所侧重，如在英国北部大型工业城市，由于污泥中重金属含量较高且含有一些有毒成分，因此焚烧约占 50%，而英国的其他城市则以污泥土地利用为主。

表 1-13　某些国家城市污水污泥产出情况和处置途径

国家	人口 / 百万	污泥产量（干重）/ X103 t · a-1	处置途径和处理量（干重）/X103 t · a-1			
			填埋	土地	焚烧	其他
德国	62	2 500	1 575	625	300	一
日本	122	1 365	403	148	896	18
英国	57	1 075	172	548	54	301
意大利	57	800	440	272	88	一
西班牙	39	300	150	30	30	90
荷兰	154	282	150	125	8	—
瑞典	8.4	180	72	63	一	45
瑞士	6.4	170	一	120	50	一
丹麦	5.1	130	43	48	36	3
比利时	9.9	75	38	21	7	3
挪威	4.1	75	30	41	—	4

第二章　污泥处理技术

近年来，在国家节能减排和积极的财政政策引导下，城镇污水处理得到迅速发展，城镇水环境治理取得显著成效。但同时必须看到，城镇污水处理过程中产生的大量污泥处理率仍然很低。将污泥从污水中分离出来，只是完成了污染治理的第一步。对污泥科学合理处理，并实现最终无害化处置，是污染治理必不可少的环节；否则，污泥中富集的污染物又会以各种不同的方式、途径回到自然环境中，对环境造成严重的二次污染，影响国家节能减排战略实施的积极效果。因此，污泥处理处置作为我国城镇减排的重要内容，必须采取有效措施，切实推进技术和工程措施的落实，满足我国节能减排战略实施的总体要求（住房和城乡建设部等，2011）。

污水厂剩余污泥是一种特殊的泥水混合物，它含有大量水分、有机物、无机物和微生物。污泥处理是指对污水厂剩余污泥进行减量化、稳定化和无害化的过程。

第一节　污泥厌氧消化

一、基本原理

污泥厌氧消化是指在无氧条件下依靠厌氧微生物，将污泥中的有机物分解并稳定的一种生物处理方法，通过水解、产酸、产甲烷三个阶段达到有机物分解的目的，同时大部分致病菌和蛔虫卵被杀灭或作为有机物被分解。

一般厌氧消化分为中温和高温两种：中温厌氧消化，温度维持在 35±2℃，固体停留时间应大于 20d，有机容积负荷一般为 2.0~4.0kg/（m^3·d），有机物分解率可达到 35%~45%，产气率一般为 0.75~1.10Nm^3/kgVSS；高温厌氧消化，温度控制在 55±2℃，适合嗜热产甲烷菌生长。高温厌氧消化有机物分解速度快，可以有效杀灭各种致病菌和寄生虫卵。

二、消化过程

污泥厌氧消化是一个极其复杂的过程，厌氧消化三阶段理论是当前较为公认的理论模式。

第一阶段，在水解与发酵细菌作用下，碳水化合物、蛋白质和脂肪等高分子物质水解与发酵成单糖、氨基酸、脂肪酸、甘油及二氧化碳、氢气等。

第二阶段，在产氢产乙酸细菌作用下，将第一阶段产物转化成氢气、二氧化碳和乙酸。如戊酸的转化化学反应式：

$$CH_3CH_2CH_2CH_2COOH + 2H_2O \rightarrow CH_3CH_2COOH + CH_3COOH + 2H_2 \quad (2\text{-}1)$$

丙酸的转化化学反应式：

$$CH_3CH_2COOH + 2H_2O \rightarrow CH_3COOH + 3H_2 + CO_2 \quad (2\text{-}2)$$

乙醇的转化化学反应式：

$$CH_3CH_2OH + H_2O \rightarrow CH_3COOH + 2H_2 \quad (2\text{-}3)$$

第三阶段，通过氢气营养性和乙酸营养性的甲烷菌的作用，将氢气和二氧化碳转化成甲烷，将乙酸脱酸产生甲烷。在厌氧消化过程中，由乙酸形成的甲烷约占总量的2/3，由二氧化碳还原形成的甲烷约占总量的1/3，反应式如下：

$$4H_2 + CO_2 \rightarrow CH_4 + 2H_2O \quad (2\text{-}4)$$

$$CH_3COOH \rightarrow +CH_4 + CO_2 \quad (2\text{-}5)$$

三、影响因素

（一）温度

温度是影响厌氧消化的主要因素，温度适宜时，细菌发育正常，有机物分解完全，产气量高。实际上，甲烷菌并没有特定的温度限制，然而在一定温度范围内被驯化以后，温度变化速率即使为每天1℃，都可能严重影响甲烷消化作用，尤其是高温消化，对温度变化更为敏感。因此，在厌氧消化操作运行过程中，应采取适当的保温措施。大多数厌氧消化系统设计为中温消化系统，因为在此温度范围，有机物的产气速率比较快、产气量较大，而生成的浮渣较少，并且也比较容易实现污泥和浮渣的分离。但，也有少数系统设计在高温范围内操作，高温消化的优点包括：改善污泥脱水性能，增加病原微生物的杀灭率，增加浮渣的消化等。不过，至今这些优点并未完全实现，并且由于高温操作费用高，过程稳定性差，对设备结构要求高，所以高温消化系统很少见。

（二）污泥投配率和污泥停留时间

投配率是指每日加入消化池的新鲜污泥体积与消化池体积的比率，以百分数计。根据经验，中温消化的新鲜污泥投配率以6%~8%为宜。在设计时，新鲜污泥投配率可在5%~12%之间选用。若要求产气量多，采用下限值；若以处理污泥为主，则可采用上限值。一般来说，投配率大，则有机物分解程度减小，产气量下降，所需消化池容积小；反之，则产气量增加，所需消化池容积大（陈怡，2013）。由于甲烷菌的增殖较慢，对环境条件的变化十分敏感，因此要获得稳定的处理效果就需要保持较长的污泥龄。

（三）营养与碳氮比

消化池的营养由投加的污泥供给，营养配比中最重要的是C/N比。C/N比太高，细菌氮含量不足，消化液缓冲能力降低，pH值容易下降；C/N比太低，含氮量过多，pH值会升高，pH值增加到8.0以上，脂肪酸的铵盐发生积累，使有机物分解受到抑制。对于污泥消化处理来说，C/N比以（10~20）：1较合适。

（四）搅拌

新鲜污泥投入消化池后，应该及时进行搅拌，使新、熟污泥能够充分接触，整个消化池内的温度、底物、甲烷细菌分布均匀，并能够避免在消化池表面结成污泥壳，加速消化气的释放。搅拌不仅能使投入的新、熟污泥均匀接触，加速热传导，把生化反应产生的甲烷和硫化氢等阻碍厌氧菌活性的气体赶出来，也起到粉碎污泥块和打碎消化池液面上浮渣层的作用。充分均匀的搅拌是污泥消化池稳定运行的关键因素之一。搅拌比不搅拌产气量约增加30%。实际采用的搅拌方法有：机械搅拌、泵循环和沼气搅拌。

（五）酸碱度

厌氧微生物对酸碱度有一个适应的区域，超过适宜生长的区域，大多数微生物都不能生长，因此消化系统中有一定的酸碱度要求。厌氧细菌特别是甲烷菌，对生存环境的pH值非常敏感。酸性发酵最合适的pH值为5.8，而甲烷发酵最合适的pH值为7.8。若碱度不足，可通过投加石灰、无水氨或碳酸铵进行调节。但大量投加石灰，常使碱度偏高，泥量增加，应尽量合理使用。酸生成菌在低pH值范围，增殖比较活跃，自身分泌物的影响比较小。而甲烷菌生长的最合适pH值范围在7.3~8.0。酸生成菌和甲烷菌共存时，pH值在7.0~7.6最合适。

（六）有毒物质

污泥中含有毒性物质时，会对消化作用起到很大影响。有毒物质会抑制甲烷的形成，从而会造成酸的积累和pH值的下降，严重时会抑制消化的进行。有毒物质主要包括重金属、Na^{+}、K^{+}、Ca^{2+}、Mg^{2+}、NH^{+4}、表面活性剂以及 SO_{2}^{-4}、NO^{-2}、NO^{-3} 等。重金属离子能与酶及蛋白质结合，产生变性物质，对酶有混凝沉淀作用；多种金属离子共存时，对甲烷细菌的毒性有互相对抗作用；NH^{+4} 的毒性主要是C/N比起作用；表面活性剂ABS（硬性洗涤剂）允许质量浓度为400~700mg/L，软性洗涤剂LAS允许浓度更高些。阴离子的抑制作用主要来自 SO_{2}^{-4}、NO^{-3}。因硫酸还原和 NO^{-3} 反硝化都在厌氧条件下进行，且都是微生物的作用过程，反硝化菌和硫酸还原菌与产甲烷菌相比有争夺电子供体的优势，所以厌氧消化产气中可能有 H_2S 和N2存在。

有毒物质有可能会促进甲烷细菌的生长，也有可能会抑制甲烷细菌的生长。关键在于有毒物质的毒阈浓度。表2-1和表2-2所示，为常见的无机物和有机物对厌氧消化的抑制浓度。

表2-1 污泥厌氧消化时无机物质的抑制浓度（单位：mg/L）

基质	中度抑制浓度	强烈抑制浓度
Na	3 500~5 500	8 000
K+	2 500~4 500	12 000
Ca2+	2 500~4 500	8 000
Mg2+	1 000~1 500	3 000
氨氮	1 500~3 000	3 000
硫化物	200	200
Cu	—	0.5（可溶），50~70（总量）
Cr6+	—	3.0（可溶），200~250（总量）
Cr3+	—	180~420（总量）
Ni	—	2.0（可溶），30.0（总量）
Zn	—	1.0（可溶）

表2-2 污泥厌氧消化时有机物质的抑制浓度（单位：mmol/L）

化合物	50%活性浓度	化合物	50%活性浓度
1-氯丙烯	0.1	2-氯丙酸	8
硝基苯	0.1	乙烯基醋酸纤维	8
丙烯醛	0.2	乙醛	10
1-氯丙烷	1.9	乙烷基醋酸纤维	11
甲醛	2.4	丙烯酸	12
月桂酸	2.6	儿茶酚	24
己基苯	3.2	酚	26
丙烯腈	4	苯胺	26
3-氯-1，2-丙二醇	6	间苯二酚	29
亚巴豆醛	6.3	丙酮	90

四、工艺特点

1. 污泥稳定化。对有机物进行厌氧消化降解，使污泥达到稳定，不会腐臭，避免在运输及最终处置过程中对环境造成不利影响。

2. 污泥减量化。通过厌氧过程对有机物进行降解，极大程度减少污泥量，同时可以改善污泥的脱水性能，减少污泥脱水的药剂消耗，增强污泥的脱水效果。

3. 消化过程中产生沼气。它可以回收生物质能源，降低污水处理厂能耗及减少温室气体排放。

厌氧消化处理后的污泥可满足国家《城镇污水处理厂污染物排放标准》（GB18918—2002）中污泥稳定化相关指标。

五、高温厌氧消化技术

在美国，1993 年颁布的 503 污水污泥生物固体处理处置规则中，提倡污泥处置优先土地利用。但是，随着社会的发展，污泥土地利用技术受到越来越严格的社会环境限制。为了保护公共健康，美国环保总局将污泥分为 A、B 两类。A 类中规定污泥中粪类大肠杆菌数低于 1 000MPN/g，沙门杆菌数小于 3MPN/g，可以用于土地利用。B 类中规定污泥中粪类大肠杆菌数大于 2×10^6MPN/g，禁止土地利用。

为提高污泥土地安全利用率，有效杀灭污泥病原菌，高温（55℃）污泥厌氧消化技术得到快速发展。许多原有的中温消化池都相继改造为高温消化池。

（一）高温厌氧污泥的培养

中温和高温厌氧消化由最优的温度范围所区分，超过这一温度范围就会导致相当数量和种类的细菌迅速死亡。Chen（1983）提出，在中温污泥中存在 9% 的嗜热菌和 1% 的专性嗜热菌。高温厌氧消化中关键的一点在于嗜热菌的存在，而从中温到高温的转化需要很长的驯化时间。

采用高温消化污泥作为 55℃的高温厌氧工艺的接种物很容易启动，但是高温消化污泥不易获得。中温消化污泥可以作为高温工艺的种泥，已经作为 55℃高温工艺种泥使用过的中温污泥有：新鲜的或消化的牛粪、新鲜的或消化的下水道污泥、瘤胃液、间歇污泥消化器的污泥、厌氧塘污泥等。

以中温条件下形成的污泥能够启动高温工艺说明了在中温污泥中存在有嗜热菌，这些嗜热菌在中温条件下可能处于休眠状态，而一旦被置于高温条件下，它们就会迅速增殖。

一个中温的反应器可以直接地或逐渐地把温度提高到高温范围，这在国内外许多文献中已有报道。

（二）高温厌氧消化的污泥停留时间

中温消化的消化时间为20~30d，但高温处理设备的消化时间缩短，为10~15d。谭铁鹏（1995）采用酵母废水高温消化液作为高温消化的种泥，研究了污泥高温厌氧发酵的情况。污泥取自某处理场生污泥，每天加一次，消化10d，有机容积负荷达1.6g/（L·d），驯化20d后，才开始正式试验工作，投入的污泥为初沉池污泥与剩余污泥的混合生污泥。从处理效率、热平衡等方面考虑，高温消化最佳时间为10d。另据资料报道，以通沟污泥为处理对象，采用在90℃温度下对热变性调质，经70℃高温酸化发酵处理后，再进入高温消化（55℃）陶瓷固定厌氧处理，缩短停留时间为5d，其处理效果与38℃中温消化（停留时间为20d）相同，但其处理效率为中温消化的4倍。高温消化已经被证明具有良好的稳定性，其处理周期可缩短至10~12d。

（三）高温厌氧消化对病原菌的去除

因中温消化的温度与人体温接近，故对寄生虫卵及大肠杆菌的杀灭率较低；高温消化对寄生虫卵的杀灭率可高达99%，大肠杆菌指数可达10~100，能满足卫生要求（卫生要求是对蛔虫卵的杀灭率95%以上，大肠杆菌指数10~100）。Shimizu（1993）曾对高温厌氧消化中的病原微生物含量做了研究，分析注入消化装置中的粪水和从消化装置中排出的废水，对出现的各种病原菌的变化做比较。结果表明，在高温消化过程中，沙门杆菌被完全消灭，真菌几乎100%被降解。还发现应用DNA杂交技术，在高温消化中接种的马立克病毒也在24h内完全消失。因此，高温消化过程可防止传染病的传播，保护人和动物的健康。

（四）高温厌氧消化与中温厌氧消化的综合比较

中温厌氧消化（适应温度区为30~38℃），挥发性有机物负荷为0.6~1.5kg/(m^3·d)，产气量为1~1.3m^3/(m^3·d)，消化时间为20~30d。高温消化条件下，挥发性有机物负荷为2.0~2.8kg/(m^3·d)，产气量为3.0~4.0m^3/(m^3·d)，消化时间为10~15d。

目前单级高温消化应用受到种种限制，一般作为两相消化的前一相（后一相为中温消化）应用。

1. 加热量

污泥消化的热量需求一般包括三个部分：第一，使污泥温度升高所需的热量；第二，补偿消化器的热量损失；第三，补偿污泥从加热池到消化池之间在管道中的热损失。如果有好的隔热设施装置，第三部分热量可以忽略不计。

高温厌氧消化系统中，热损失占加热量的 2%~8%。高温消化所需的加热量大概是中温消化所需热量的两倍。

2. 污泥固体停留时间（SRT）

高温消化发生速率快，所需消化时间比中温消化要短。

3. 运行管理

高温消化稳定性比较差，运行管理比中温消化困难，制约了其推广运用。

4. 产气量

相比较来说，在相同的有机物负荷下，高温消化产气量比中温消化产气量要稍多一些。

第二节　污泥好氧消化

污泥好氧消化处理实际上是活性污泥法的改进技术，其作用原理是污泥中微生物有机体的内源代谢过程。微生物内源代谢的概念，是 1956 年在美国曼哈顿大学召开的废水生物处理学术讨论会上提出并确定下来的。将内源代谢原理应用到废水污泥处理中的研究工作，主要起始于 20 世纪 60 年代。好氧消化的目的是通过对可生物降解有机物的氧化产生稳定的产物，减少质量和体积，减少病原菌，改善污泥特性，以利于进一步处理。

一、基本原理

污泥好氧消化的基本原理是使微生物处于内源呼吸阶段，以其自身生物体作为代谢底物获得能量和进行再合成。消化过程中，细胞组织将会被氧化或分解成二氧化碳、水、氨氮、硝态氮等小分子产物，从而成为液相和气相物质。同时，由于好氧氧化分解过程是一个放热反应，所以会有热量产生并释放。实际上，尽管消化反应在理论上已经终止，氧化的细胞组织也仅有 75%~80%，剩下的 20%~25% 的细胞组织由惰性物质和不可生物降解有机物组成。消化反应完成后，剩余产物的能量水平将极低，因此生物学上很稳定，适于各种最终处置途径。由于代谢过程存在能量和物质的散失，使得细胞物质被分解的量，远大于合成的量，通过强化这一过程达到污泥减量的目的。该过程的反应式可近似表达为：

$$C_5H_7NO_2 + 5O_2 + H^+ \rightarrow 5CO_2 + NH_4^+ + 2H_2O + \text{能量} \qquad (2\text{-}6)$$

由于污泥好氧消化时间可长达 15~20d，利于世代时间较长的硝化菌生长，故还存在硝化作用：

$$NH_4^+ + 2O_2 \rightarrow NO_3^- + H_2O + 2H^+ \qquad (2\text{-}7)$$

上述反应都是在微生物酶催化作用下进行的，其反应速率以及有机体降解规律，可以通过参与反应的微生物活性予以反映。

二、处理工艺

（一）传统污泥好氧消化工艺

传统污泥好氧消化工艺（ConventionalAerobicDigestion，CAD）主要通过曝气使微生物在进入内源呼吸期后进行自身氧化，消耗污泥实现污泥减量。CAD 的工艺设计、运行简单，易于操作，基建费用低。传统好氧消化池的构造及设备与传统活性污泥法的相似，但污泥停留时间很长。其常用的工艺流程分为连续进泥和间歇进泥两种，如图 5-1 所示。

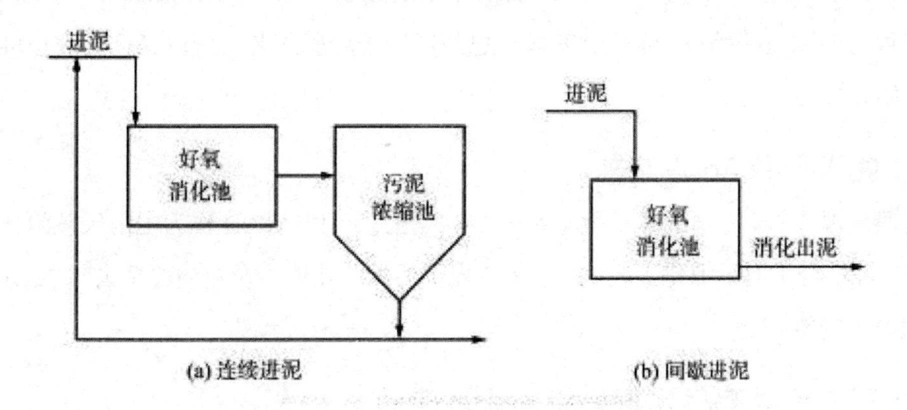

图 2-1　传统好氧消化池的工艺流程

一般大、中型污水处理厂的好氧消化池采用连续进泥的方式，其运行与活性污泥法的曝气池相似。消化池后设置了浓缩池，浓缩污泥一部分回流到消化池中，另一部分被排走（进行污泥处置），上清液被送回至污水处理厂首段与原污水一同处理。间歇进泥方式多被小型污水处理厂采用，其在运行中需定期进泥和排泥。

（二）A/AD 工艺

A/AD（Anoxic/AerobicDigestion）工艺是在 CAD 工艺的前端加一段缺氧区，利用污泥在该段发生反硝化反应产生的碱度来补偿硝化反应中所消耗的碱度，所以不必另行投碱就可使 pH 值保持在 7 左右。另外，在 A/AD 工艺中 NO_3-N 代替 O_2 作最终电子受体，使得耗氧量比 CAD 工艺节省了 18%（1.63kgO2/kgVSS）。工艺流程，如图 2-2 所示。

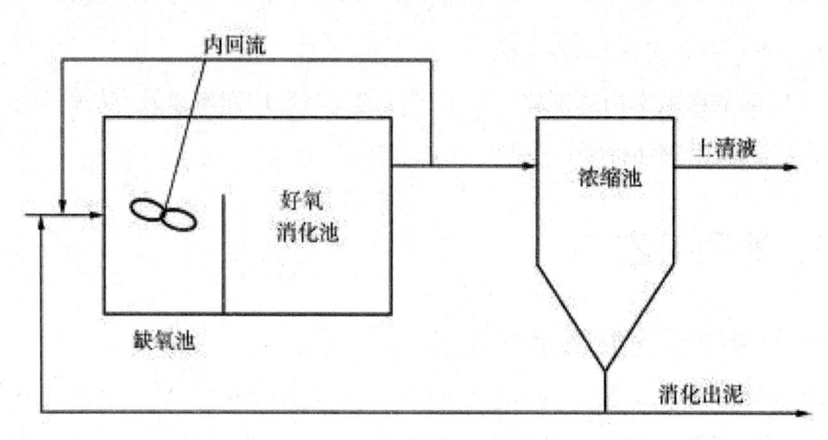

图 2-2 A/AD 工艺基本流程

（三）ATAD 工艺

自热式高温好氧消化工艺（AutothermalThermophilicAerobicDigestion，ATAD）的研究最早可追溯到 20 世纪 60 年代，其设计思想产生于堆肥工艺，所以又称为液态堆肥。具体的介绍在后边。

（四）AerTAnM 工艺

两段高温好氧 / 中温厌氧消化（AerTAnM）工艺，以 ATAD 作为中温厌氧消化的预处理工艺，并结合了两种消化工艺的优点，在提供污泥消化能力及对病原菌去除能力的同时，还可回收生物能。

（五）深井曝气污泥好氧消化工艺

深井曝气污泥好氧消化工艺又称为 VERTADTM（简称 VD 工艺）。该技术是一种高温好氧污泥消化技术，初沉污泥及剩余活性污泥经 VD 工艺处理后，可达到美国环境保护局 503 条例规定的 A 级污泥的标准。A 级污泥可直接用作土壤肥料，彻底解决污泥的最终处置问题。该工艺的核心是深埋于地下的井式高压反应器，如图 2-3 所示。该反应器深一般是 100m，井的直径通常是 0.5~3m，所占面积仅为传统污泥消化技术的一小部分。

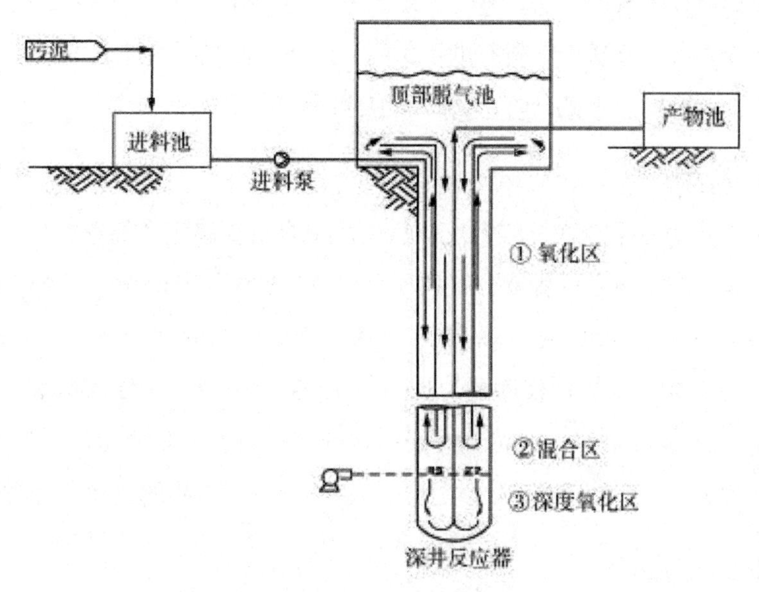

图 2-3 深井曝气污泥好氧消化工艺

预浓缩后，含固率为 3%~4.5% 的原污泥输送至氧化区的上升管内。将高压空气输送至氧化区，在空气的提升作用下，污泥开始进行内循环单向流动，在循环流动过程中，微生物摄取空气中的氧对原污泥进行氧化分解，实现第一次污泥消化，此时的污泥称为内循环出泥。内循环出泥以潜流的方式与单向的循环污泥流分离，并以活塞流的形式进入下部的混合区。在混合区下部输入高压空气，气体对污泥进行搅拌，污泥摄取空气中的氧，对污泥中残余有机物进行进一步分解，完成第二次污泥消化，此时污泥称为混合区出泥。混合区出泥在导流装置的引导下，进入污泥好氧消化反应装置底部的高温灭菌区，这个区域利用高温和足够的停留时间来对污泥中病原体进行杀灭。消化后的污泥从反应器底部的出泥管以极快的速度到达地表的产物池待后续处理。

三、影响因素

（一）污泥浓度

研究发现(周春生等，1992)污泥好氧的VSS的去除率随着污泥初始浓度的增加而降低，而 VSS 的去除量则随着污泥初始浓度的增加而提高。较高的初始污泥浓度会影响氧的传递效率，从而影响微生物的活性。

（二）曝气和搅拌

在好氧消化中，合理的曝气量是很重要的。一方面要为微生物好氧消化提供充足的氧源（消化池内 DO 浓度大于 2.0mg/L），还要满足搅拌混合需气量，使污泥处于悬浮状态；

另一方面要避免造成曝气的浪费，降低成本。好氧消化可采用鼓风曝气或机械曝气，在寒冷地区采用淹没式的空气扩散装置有助于保温，而在气候温暖的地区可采用机械曝气。当氧的传输效率太低或搅拌不充分时，会出现泡沫问题。

（三）温度

污泥好氧消化是一个放热反应，反应后生成化合价更稳定的简单产物（CO_2、H_2O 和硝酸盐等）。该反应本质是微生物分解和利用自身有机质的酶促反应，温度对好氧消化的影响是极为复杂的，它同时涉及氧的转移效率、酶反应动力学、微生物生长速率以及具体的溶解等。温度高时微生物代谢能力强，即比衰减速率大，达到要求的 VSS 去除率所需的 SRT 短，当温度降低时，为达到污泥稳定处理的目的，则要延长污泥停留时间。当 SRT 增加到一特定值时，即使 SRT 继续增加，也不会对有机物的去除率有明显的提高。

（四）硝化反应

CAD 工艺的污泥停留时间较长，有利于硝化菌的生长，发生硝化反应，消耗碱度，当消化池内剩余碱度小于 50mg/L（以 $CaCO_3$ 计）时，反应器内会出现 pH 值下降现象，pH 值可降至 4.5~5.5。当 pH 值较低时，微生物的新陈代谢受到抑制，有机物的去除率降低。为防止 pH 值的下降对处理效果造成不良影响，大部分的 CAD 工艺中，都要添加化学药剂来调节 pH 值。

（五）处理特点

1. 好氧消化的优点：

（1）对悬浮固体的去除率与厌氧法大致相等。

（2）上清液中的可生物降解有机物浓度较低。

（3）处理后的产物无臭，类似腐殖质，肥效较高。

（4）运行安全，管理方便。

（5）处理效率高，需要的处理设施体积小，投资较小。

2. 好氧消化的缺点：

（1）运行费用较高。

（2）不能产生甲烷等有用的副产物。

（3）消化后的污泥的机械脱水性能较差。

尽管好氧消化的能耗大，运行费用高，但由于它具有运行管理方便、操作灵活、投资小、处理不容易失败等优点，仍是一种有效使用的污泥稳定技术。

四、污泥自热式高温好氧消化技术

自热式高温好氧消化技术（ATAD）是好氧消化技术的一种，与传统好氧消化技术相比，具有反应速度快、停留时间短、对病原生物灭活效果好、运行稳定、操作简单等优点。自20世纪60年代末以来，在北美和欧洲得到了快速的发展和应用。该技术特别适用于小规模污水处理厂污泥的稳定化处理。

（一）工艺原理

ATAD是一种高温条件下运行而不需要补充热量的好氧处理技术，主要依靠微生物在代谢过程中释放出来的热量实现所需要的高温条件（45~65℃）。在ATAD系统中达到并维持高温条件需要采取以下主要措施：进泥经过浓缩，使TSS（总悬浮物）浓度达到40~60g/L（或VSS浓度达到25g/L以上）；采用封闭式反应器并在反应器外壁采取绝热措施，以减少传导性热损失；采用高效供氧设备以减少蒸发热损失。

对ATAD反应器系统的热量平衡分析，如图2-4所示。

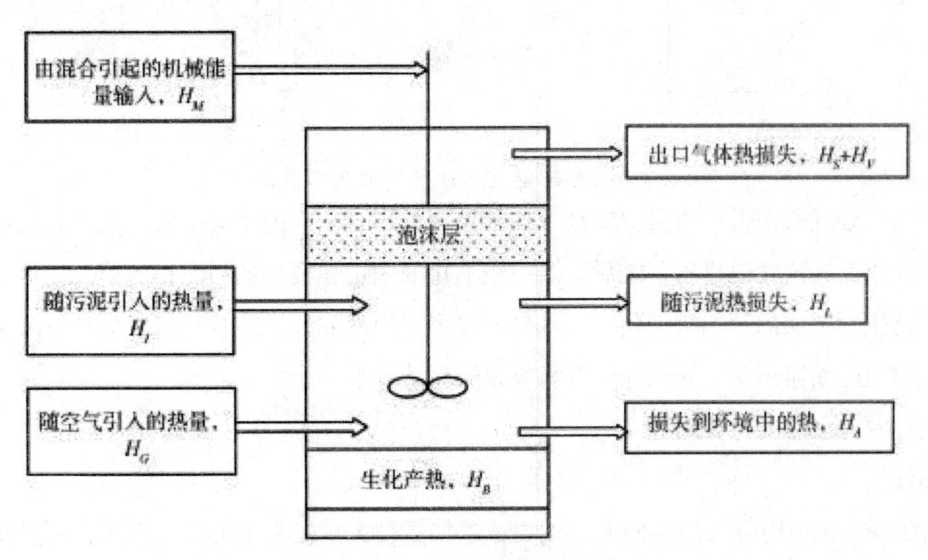

图2-4 ATAD反应器系统的热量平衡

图2-4中，HB为污泥的生物氧化产生的热量（MJ/d），约为21×（反应器中每天去除的VSS的量，kg）；HM为机械混合输入的热量（MJ/d），约为3.6［MJ/(kW·h）］×24×轴功率（kW·h）；HL为污泥带走的热量（MJ/d），为流量（m^3/d）×比热［MJ/(m^3·℃）］×TL(℃），TL是进泥出泥间的温度提高；HS为排气热损失（MJ/d），为流量（m^3/d）×比热［MJ/(m^3·℃）］×TG(℃），TG是进气出气间的温度提高；HA为损失到环境中的热量；HV是随着排气带走的水蒸气的蒸发潜热，为2.4(MJ/kg）×绝对湿度（kg水

蒸气 /kg 干气体）× 气体流量（kg/d）。

式 2-8 给出了反应器中的总的热平衡，该式可用于预测反应器的温升潜力：

$$HB+HM=HL+HS+HA+HV \quad (2-8)$$

（二）工艺过程

典型的 ATAD 系统中包括预浓缩池、两个加盖和隔热的反应器、混合和曝气系统、泡沫控制装置和最终贮泥池，如图 2-5 所示。

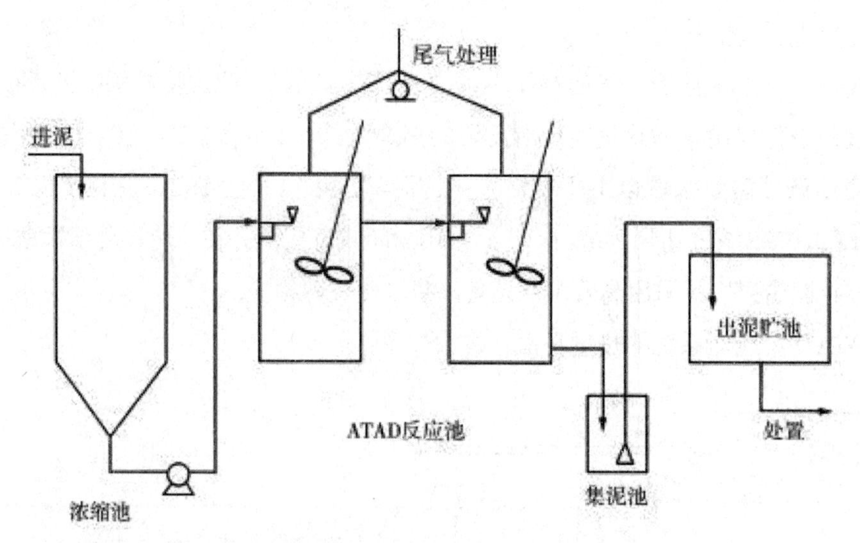

图 2-5　欧洲典型 ATAD 污泥处理工艺流程

此污泥处理通常采用两级 ATAD 反应器串联的形式。一般是间歇式进泥，首先被消化的污泥从第二级消化池排出，之后，第一级消化池中正在消化的污泥排入第二级消化池，最后，将生污泥加入第一级消化池。这样不仅可以使污泥温度持续升高，而且可减少污泥在反应器内的断流现象，从而保证对病原菌的灭活效果。

设计时应注意的主要问题：

1. 曝气

ATAD 工艺中对曝气的控制尤为重要，曝气量过大不仅会增加运行费用，而且剩余气体排出，向外散热而使反应器温度降低。曝气量太低将造成反应器内溶解氧不足而出现厌氧状态，在导致好氧消化效率降低的同时还会产生臭味。所以应该选择氧转移效率高的设备。研究表明，鼓风曝气、机械表面曝气以及两者相结合的曝气方法，均无法实现系统的自热；能够实现系统自热的曝气方法有射流曝气和射流鼓风曝气。

2. 泡沫

ATAD 的进泥浓度及反应器温度均较高，所以会有泡沫产生。泡沫可提高氧的利用率，还可保温、提高生物活性，但也不能太多，所以必须安装刮渣设备，只保留泡沫层 0.5~1.0m。

3. 气味

根据国外的运行经验表明，当曝气量不足、DO 过低、搅拌不均匀及第二个反应器温度＞ 70℃或有机负荷过高时，会有臭气产生。也有文献报道，在进泥阶段会发生短期的气味问题，但其量很少。可在排气口安装臭气过滤器来控制气味问题。

（三）影响因素

1. 曝气与充氧

ATAD 系统中曝气量的控制尤其重要，曝气量过大导致热损失过多而使反应器温度降低。曝气量过低将造成处理效率低。ATAD 反应器内保持完全好氧状态是很困难的，DO 浓度一般在 0.5mg/L 左右，而这一浓度为微好氧（李洵等，2008）。

2. 固体停留时间（SRT）

对于不同的污泥，有不同的最佳 SRT 值，而最佳 SRT 值的大小与污泥的特征、可生物降解的组分和反应器温度有关。由于 ATAD 反应器运行温度高，反应速率快，因此停留时间短。ATAD 反应器的体积只有传统的厌氧消化池和好氧消化池的 1/6~1/2，一般设计 SRT 为 8~15d（陈和谦，2012）。

3. 反应温度

ATAD 反应器有高效率的曝气系统、高浓度的入流污泥以及良好的操作条件，可使反应器温度达到 45~65℃，甚至在冬季仍可使其保持较高温度。反应温度对 VSS 的分解有很重要的影响，因为反应温度影响速率常数 Kd，低温需要较长的 SRT，而高温时 SRT 较短。

4. 污泥成分和污泥浓度

污泥的稳定化速率与污泥的成分有关，即污泥中可生物降解的组分和不可生物降解的组分的比例不同，污泥的稳定化速率则不同。当污泥中可生物降解组分比例下降，则污泥消化时 VSS 的去除率不高。工艺运行中的污泥浓度是关键的影响因素。高污泥浓度去除的 VSS 含量比低污泥浓度的去除量高。污泥浓度过高时，搅拌混合困难，但污泥浓度低时，产生的热量不够。

5. 混合

ATAD 反应器内污泥需要适当的混合，以保持污泥处于悬浮状态。若混合不够造成污泥沉淀则生物反应器的有效容积利用率低，沉淀的污泥内部易形成厌氧状态。混合方式是通过搅拌机搅拌。

（四）工艺特点

1.ATAD 的优点

（1）在合适的操作条件下，可有效杀灭病原微生物。

（2）反应速率快，污泥停留时间短（一般为 5~6d），反应器容积小，占地少。

（3）工艺运行稳定，管理简便。

（4）在高温条件下消化反应被抑制，与传统好氧消化相比，需氧量减少。

（5）能量需求比其他好氧处理工艺少。

（6）无需锅炉等供热设备即可实现高温。

（7）氨氮浓度高，有利于病原生物的灭活（宋玉栋等，2005）。

2.ATAD 的缺点

（1）运行费用较高。

（2）不能回收能量。

（3）处理后污泥脱水性能较差。

（4）由于污泥浓度高，很难保证供氧充足，运行过程中可能产生气味。

（5）由于运行温度高、污泥浓度大，泡沫问题可能比较严重。

（6）反应器在高温条件下运行，需要做防腐蚀处理。

（7）需要对污泥进行预浓缩。

第三节　污泥两相 / 多相消化

一、两相消化技术

污泥的厌氧消化过程中，水解酸化阶段是主要的限速步骤，因此如何提高水解酸化的效率，是强化城市污泥厌氧消化的关键。而要提高水解酸化的效率并充分利用生物质资源，需要提高厌氧消化过程中微生物的活性。

（一）工艺原理

传统的厌氧消化工艺是厌氧消化的全过程，其中水解酸化和甲烷化阶段的两大作用细菌——产酸菌和产甲烷菌有着不同的生长环境要求，一般情况下，产甲烷阶段是整个厌氧消化的控制阶段，为了使厌氧消化过程完整地进行，就必须营造适合产甲烷细菌生长繁殖的环境。

（二）工艺过程

污泥进入产酸反应器实现水解酸化，然后将产酸反应器的出泥作为产甲烷反应器的进泥，进行产甲烷反应，工艺装置，如图 2-6 所示。

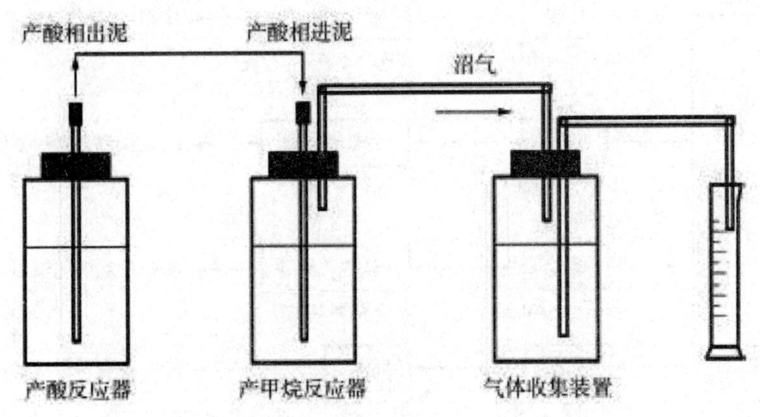

图 2-6 污泥两相厌氧消化工艺装置

（三）工艺类型

两相厌氧消化的组合类型有四种：中温两级厌氧消化、高温 / 中温（或者中温 / 高温）两相厌氧消化、产酸 / 产气两相厌氧消化、高温两级厌氧消化。四类组合，如图 2-7 所示。

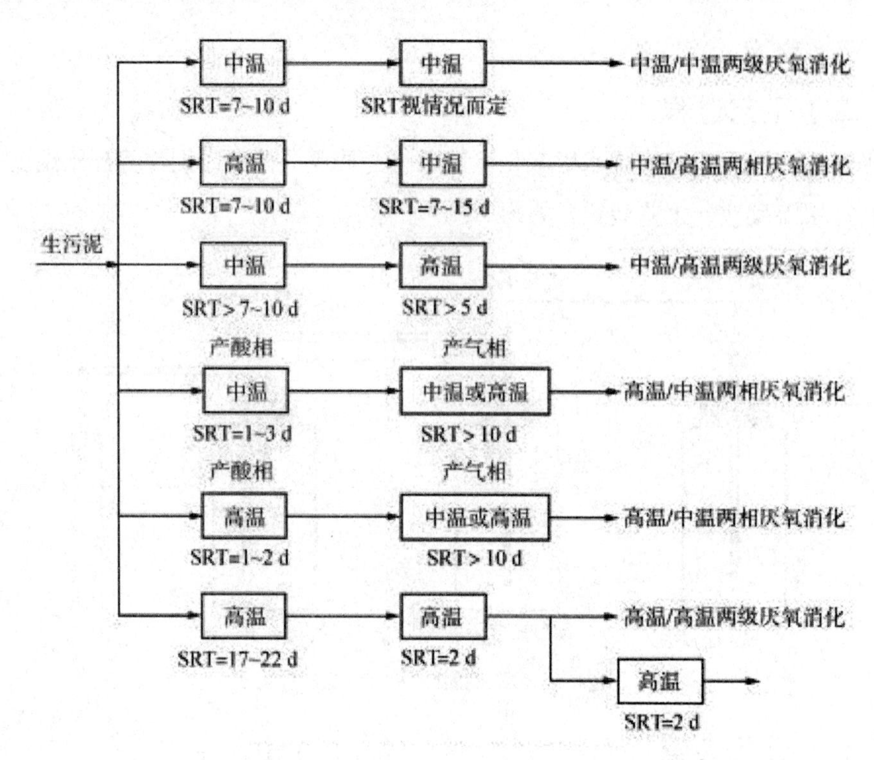

图 2-7 两相厌氧消化的组合工艺

1. 中温两级厌氧消化

中温两级消化与单级高效厌氧消化相比，在有机物去除率和产气量这两个指标上并没有优势，但产生的污泥品质却差异较大，中温两级厌氧消化产生的污泥更稳定，更容易脱水。

一般的两级消化运行方式为：第一级消化池加热并搅拌，第二级消化池不加热也不搅拌，利用第一级消化池的余热进一步消化，并起着污泥浓缩和贮存作用。第二级消化池为密闭式或者露天式。

2. 高温 / 中温或者中温 / 高温两相厌氧消化

该组合通过与中温消化结合从而缓和了高温消化的缺点，充分利用了高温消化反应速率快的特点，一般认为高温消化反应速率比中温消化快 4 倍。与单级中温、高温厌氧消化相比，该组合抗冲击负荷能力强。对于高温 / 中温两相厌氧消化，高温相一般设计温度为 55℃，固体平均停留时间为 10～15d；中温相一般设计温度为 35℃，固体平均停留时间一般不少于 20d。总固体平均停留时间大概为 25d。单级高效中温厌氧消化的典型固体平均停留时间是 20～30d。

3. 产酸 / 产气两相厌氧消化

在产酸相，利用产酸菌溶解污泥颗粒中的有机物，并且酸性发酵产生大量挥发性有机酸，此反应器需控制 pH 值在 6 或者以下。SRT 也控制得很短，以产生更高浓度的有机酸（＞6000mg/L）。在产气相，pH 值控制在 7 左右，SRT 更长一些，以维持更适于产甲烷菌生长的环境，从而产生更多的沼气。

这种组合有一定特点：可以得到更高的有机物降解率；消化器中泡沫可以得到控制；每一相都可以控制在高温或者中温条件下运行。

4. 高温两级厌氧消化

第一级用一个大消化反应器，后面跟一个或多个小消化反应器，其目的是为了杀死更多的病原微生物，提高有机物的降解率（可达 63%）。

（四）影响因素

1. 温度

厌氧降解过程受温度影响较大，厌氧降解的温度可以分为低温（0~20℃）、中温（20~42℃）和高温（42~75℃）。温度对产酸过程的影响不是很大，但是对产甲烷过程则有较大的影响。根据厌氧消化的温度范围，两相厌氧消化的温度可分为高温 - 高温系统、中温 - 中温系统、高温 - 中温系统和中温 - 高温系统。

2.pH 值

产甲烷菌的最适 pH 值范围是 6.8~7.2，而产酸菌则需要偏低一点的 pH 值。在两相厌氧消化系统中，两相分别控制在不同的 pH 值条件下，以便使产酸和产甲烷过程分别维持在其最佳的生存环境下，pH 值的控制对产甲烷阶段尤为重要（罗伟，2006）。

3. 水力停留时间（HRT）

最大去除效率经常是通过操作保证产酸阶段具有较短的水力停留时间，从而避免影响产甲烷菌的生长。

4. 硫酸盐

当污泥中含有较高浓度的硫酸盐时，在厌氧条件下，硫酸盐会对厌氧细菌特别是对产甲烷菌产生强烈的抑制作用。这主要是由于硫酸盐还原菌（SRB）和产甲烷菌存在明显的基质竞争，动力学分析表明，硫酸盐还原作用更容易进行。另一方面，硫酸盐的还原底物 H_2S 对产甲烷菌有毒害作用。SRB 对环境的适应能力强于产甲烷菌，产酸相中，SRB 含量比产甲烷相高 2~3 个数量级。两相消化工艺中，在产酸相中控制适宜的条件促进 SRB 的生长，强化硫酸盐还原作用，尽可能去除硫酸盐，以减轻硫酸盐对产甲烷菌的抑制作用，使 SRB 和产甲烷菌都能发挥很好的活性。

5. 毒性物质

污泥中铜、锌、镍、铅等重金属离子对两相厌氧消化工艺会有影响。产酸相污泥对锌和镍没有很好的吸附作用，而对铅的吸附性能很好，对铜则适中，并且相的分离并没有对产甲烷反应器提供任何保护作用，所有的重金属离子均会引起去除率的降低。

除以上因素外，还应考虑容积负荷率、垃圾的组分和尺寸、抑制物等因素。

（五）工艺特性

（1）由于产酸菌和产甲烷菌是两类代谢特性及功能截然不同的微生物，将它们分开培养有利于创造适宜于这两类细菌生长的最佳环境条件，从而提高了它们的活性，增强了它们的处理能力。因而两相厌氧消化工艺相比，传统厌氧消化工艺的处理效率大大提高。

（2）将两大类微生物群体分开培养有利于产甲烷菌的生长，产酸相为产甲烷相提供了基质及生存环境条件，因而使得两相厌氧消化工艺比传统厌氧消化工艺的抗冲击负荷能力强，所以两相厌氧消化工艺运行更加稳定。

（3）两相厌氧消化工艺需将一个消化反应器分为两个反应器，这样使构筑物数量增加，特别是要进行相分离，带来运行管理的复杂化。

二、交替好氧/缺氧/厌氧消化技术

目前，世界各国在污泥处理的领域仍以污泥厌氧消化以及好氧消化工艺为主，但厌氧消化工艺有不少缺点，如水力停留时间长、反应效率不高、结构复杂、不便于操作管理、厌氧微生物对抗冲击能力差、维护管理问题较多等。污泥好氧消化工艺则存在运行成本较高的缺点，在能源紧缺的今天，很显然是不能适应发展需要的。而污泥的厌氧/好氧交替消化方法，可以解决上述传统污泥消化方式所存在的一些弊端。

（一）方法原理

污泥的好氧/厌氧的交替消化法通常有两种方法：一种是通过空间上划分好氧和厌氧消化段，另外一种则是通过时间来控制好氧和厌氧消化阶段，使污泥在厌氧消化阶段发生反硝化反应，利用产生的碱度来补偿硝化反应中所消耗的碱度，所以不必另行投碱就可使污泥保持中性。

（二）处理过程

从空间上来划分的污泥厌氧/好氧交替消化法，是通过在好氧消化池前面加设一座厌氧池来完成，通常情况下，污泥进入厌氧池消化几天，进入水解酸化阶段，在水解与发酵细菌的作用下，活性污泥中复杂的油脂、木质素、蛋白质和纤维素等组分被分解成有机酸、乙醇、氨和二氧化碳。经过厌氧消化的污泥进入好氧消化池进行好氧消化。从某种程度上来讲这只能算作好氧消化与厌氧消化工艺的简单叠加。因此我们可以认为这种污泥厌氧/好氧交替消化方法实际上可以看作是一种改进了的好氧消化方法，厌氧池作为好氧消化的预处理工艺设施，主要目的是为了使污泥中的有机质转变得更容易降解，提高后续好氧消化的效率，同时通过厌氧段的引入可以实现一定程度的脱氮除磷。

时间上的污泥好氧 / 厌氧交替消化装置，是在单一的消化池内完成的，控制好氧消化的供氧时间，从而引入厌氧时间段。在消化的初期，细胞物质中可生物降解的组分被逐渐氧化成 CO_2、H_2O，NH^{+4} 转化为 NO^{-3}，NH^{+4} 再进一步被氧化成 NO^{-3}。由于 NO^{-3} 的浓度不断提高使得硝酸盐不断累积以及厌氧 / 好氧交替反应器中厌氧段的存在，将会诱导某些兼氧性厌氧细菌的硝酸盐还原酶合成而进行内源性硝酸盐呼吸（ENR），即存在一定的反硝化作用，反应式为：

$$C_5H_7NO_2 + 4NO_3^- + H_2O \rightarrow 4HCO_3^- + NH_4HCO_3 + 2N_2 \tag{2-9}$$

从反应式中我们可以看出 ENR 可以补充一部分碱度，这样就缓解了厌氧 / 好氧交替反应器中碱度的减少趋势，从而一定程度上稳定了消化过程的 pH 值。这样对于污泥中微生物的生物活性以及硝化反应的进行都十分有益。而通过反硝化反应，一部分的氮转变成了 N_2，向外溢出，达到了真正意义上的脱氮效果。

（三）影响因素

交替消化包含了好氧消化和缺氧消化，所以影响好氧消化和缺氧消化的因素都会对反应产生影响，如污泥浓度、污泥停留时间、温度、pH 值、溶解氧等。

（四）工艺特性

污泥好氧 / 厌氧交替消化具有如下特点：

（1）污泥好氧 / 厌氧交替消化的处理能力强且去除率相对稳定。

（2）污泥好氧 / 厌氧交替消化的 pH 值保持相对稳定，一直保持在 7.0 左右（Surampallietal.，1993），这样的环境有利于生物的生命活动及提高消化效果，同时相对较高的 pH 值，可以在一定程度上提高硝化反应进程，使得污泥消化上清液中氨氮质量浓度相对较低。

（3）没有出现泡沫，同时污泥消化的上清液较为清澈。

（4）由于缺氧段是以硝酸氮代替氧气作为最终电子受体，需氧量比好氧消化工艺要少。

第四节　污泥破解技术

一、机械破解技术

（一）破解原理

机械破解技术利用搅拌器刀片的旋转带动流体运动，高速运转的流体会产生巨大的流体剪切力，瞬间高压以及瞬间冲击力对剩余污泥中的单个细菌和菌胶团的细胞壁进行破碎，迫使细胞内有机物质流出，达到破解污泥的作用。主要包括高压喷射法、球磨法和高速转盘法。

（二）破解过程

污泥的破解可分为菌胶团破碎，菌胶团中大有机分子破解成小有机分子，细菌细胞壁破碎、细胞质流出这三个阶段。由于大分子的破解和细胞质的溶出，破解液中包含了更高浓度的易降解有机物，进而提高了污泥的降解率，并易于实现污泥的资源化；另一方面，由于菌胶团和细胞壁的破解，间隙水和胞内水分被释放，即便使用常规的污泥脱水方法也能达到较好的脱水效果，进而实现污泥的减量化。

1. 高压喷射法

高压喷射法是让污泥经过一孔径为 0.71nm 的筛网，筛去沙子等杂质，筛后的污泥进入贮泥池；利用一高压泵将污泥加压，经过一直径（1.2mm）很小的喷嘴，将污泥高速（30~100m/s）喷射至一平板上，强大的撞击力是导致污泥破解的主要原因，而后破解的污泥进入另一个贮泥池，完成一次处理。为达到更好的结果，此过程可循环数次进行。高压喷射法是一种较有效的破解方式，一般在喷射压力为 5×10^6Pa 状况下，处理 5 次，可以使 86% 的总蛋白质溶出，处理 1 次，就可使溶解性化学需氧量从 152mg/L 上升至 1 250mg/L。

2. 球磨法

球磨法的主要设备是球磨机。其主体是一个圆筒形的腔体，筒体内有带圆盘的轴，腔体内装有钢或是玻璃制的小球，以提高破解效果。球磨机的工作过程为通过电动机和减速机把扭力传给球磨机的大小齿轮，从而使球磨机筒体转动，由于球磨机筒体的转动与筒体衬板共同作用，将一部分钢球（或其他研磨介质）带升到一定高度，钢球进行自由坠落运动产生冲击力，撞击筒体内的物料，其余部分钢球与物料混在一起随着筒体的转动不停地与物料进行碰撞和研磨，筒体在回转的过程中，研磨体也有滑落现象，在滑落过程中给物料以研磨作用。球磨机如图 2-8 所示。

图 2-8　球磨机装置

图 2-8　高速转盘剩余污泥破解装置

3. 高速转盘法（HighSpeedRotaryDisk，HSRD）

高速转盘剩余污泥破解装置由转盘、定盘、破解腔、阀门以及高速电动机组成，如图 2-9 所示。装置内部设有机械冲击部件，运行稳定。电动机的转速可以通过变频器调整，将污泥从阀门导入破解腔后，污泥在转盘高速旋转过程中所产生的离心力和黏性力的带动下，经吸入口、两盘之间的间隙在破解腔内被均匀破解；转盘在高速旋转中所产生的流体剪切力是导致污泥破解的主要因素，破解污泥的中值粒径在 15 μ m 以下，破解率可达 50% 以上。

（三）破解特点

机械破解需要高输入能量，运行费用高。

二、超声波破解技术

超声波是指振动频率较高的物体在介质中所产生的弹性波，其频率范围为20kHz~10MHz（齐健等，2004）。大振幅（低频率）超声波能量集中，可使介质产生剧烈振动，常用于超声清洗、钻孔、化学处理、乳化等方面。近年来，人们已认识到在饮用水、污泥及污水处理中，超声波具有巨大应用潜力。

（一）破解原理

超声波破解技术主要机制是空化效应。

超声空化（UltrasonicCavitation）是在超声波的正压期间分子结构形成空虚，发射强超声波于液体中，产生溶解气体或液体蒸气的气泡成长而爆裂、消灭的现象。超声波的空化效应是指存在于液体中的微小泡核在超声波作用下，经历超声的稀疏相和压缩相，体积生长—收缩—再生长—再收缩，经多次周期性振荡，最终高速度崩裂的动力学过程。此过程发生的时间极短（数纳秒至微秒之间），气泡内的气体受压后急剧升温，在其周期性振荡特别是崩溃过程中，会产生瞬态的极大的高温、高压，并使气泡内的气体和液体界面的介质裂解。研究表明，空化反应主要发生在100~1 000kHz的中等频率范围内，而1MHz以上的高频很难产生空化效应。因为对于1MHz以上的高频，液体中声波产生的微射流和气泡较稳定，不会破碎。

理论上讲，纯净的液体分子结合力很强，因而具有较高的抗拉强度。但通常的实际液体因种种原因而混入一些微小气泡，构成了液体的“薄弱环节”，当交变声压形成的负压相足够强时，液体将首先在这些“薄弱环节”处被拉开，从而形成空腔并长大；继而在接着到来的正压作用下将空腔压缩，进而快速闭合。这种微小气泡随超声振动迅速发生收缩、闭合、破裂的过程即“超声空化”。

（二）破解过程

较高的声强作用下，特别是低中频（低于1MHz）范围内，超声波会在水相产生大量的寿命约为0.1μs的空化核，其在爆炸瞬间产生短暂的强压力脉冲，并于气泡周围的微小空间内形成局部高温（5000K）高压（100MPa）点。数微秒后，该热点将会以109K/s的速度迅速冷却。在冷却过程中，会产生强大的冲击波与高速射流。低中频超声波的空化效应主要表现为较大的水力剪切力，一般认为，水力剪切力在超声波处理污泥过程中起主要作用。

（三）影响因素

1. 超声声强

声强是影响超声降解的一个重要因素。一般地，当超声波的频率一定时，超声波的强度增加，超声化学效应也增强。有些学者认为，污染物的降解速率随声强的增大存在一极大值，当超过极大值，降解速率随声强的增大而减小，其原因为：当声强增大到一定程度时，溶液与产生声波的振动面之间会产生退耦现象，从而降低能量利用率。此外，声强过高时，会在振动表面处产生气泡屏，从而导致声波衰减。

2. 超声频率

对于频率效应一直存在不同的观点。现在所确认的是：声波频率越高，周期就越短，为空化泡生长，特别是为正压相压缩至崩溃等空化过程，提供的时间就越不足，因而空化发生概率和强度就越小。声波的频率升高，传播衰减将增大，因此，一般来说为获得统一的声化学效应，对于高频声波则需付出较大的能量消耗。

3. 超声波反应器结构

由于反应器的结构对空化效应的强弱有着重要的作用，故良好的反应器设计是降低处理成本的一个有效途径。反应器设计的目的就是在恒定输出功率条件下，尽可能提高混响声场强度，增强空化效果。反应器可以是间歇的或连续的工作方式；超声波发生元件可以置于反应器的内部或外部，可以是相同频率的或是不同频率的组合。结果表明，双频超声比单频超声的空化效果好，平行的比垂直的效果好。与双频系统相比，三轴对称的声场能极大地提高声能效率。

4. 其他因素

除了声强和频率的影响外，溶液体系的性质对降解效果也会有一定的影响。

（1）液体的特性影响。表现在：①黏滞系数，因为超声空化在声波膨胀相内产生的负压要克服液体的内摩擦，因此在黏滞系数大的液体中空化较难发生；②表面张力系数，液体表面张力系数增大（意味着空化泡收缩力增大）会使空化阈值增高，然而一旦液体中形成空化泡，空化泡开始收缩时，泡内的总压力增大，从而使得崩溃时产生的值也相应增高，由此说明界面特性对空化有很大影响，若向溶液中添加盐则会引起空化泡周围有机物浓度升高，从而提高反应效率。

（2）pH 值的影响。因 pH 值对溶液中离子状态和自由基有决定性作用，只有在离子的活性形态和超声空化效应达到最佳耦合时，才能有最好的反应效果。pH 值决定溶液的电化学特性，并直接决定溶液中氢的耦合度，而氢的耦合度不仅决定液体的表面张力，也影响有机物在水中的存在形式，造成有机物各种形态分配比例，发生变化，导致降解机制的改变，进而影响有机物降解效率。

（3）有机物的物理化学性质的影响。超声辐照对疏水性、易挥发性有机物降解效果显著，对亲水性、难挥发的有机物则需要较长的辐照才能降解。一般超声对亲水性物质的化学氧化，是由于超声空化诱导水的热分解过程中产生了羟基，羟基作为主要反应物与目标有机物反应。

（4）溶解气体的影响。溶解气体对超声降解速率和降解程度的影响主要有两方面的原因：一是溶解气体对空化气泡的性质和空化强度有重要的影响；另外，溶解气体产生的自由基也参与降解反应过程。

（四）破解装置

超声波破解装置主要由超声波换能器、超声探头及反应容器组成。一般超声装置的超声发生频率为 20kHz，电功率为 320～120W。装置如图 2-10 所示。

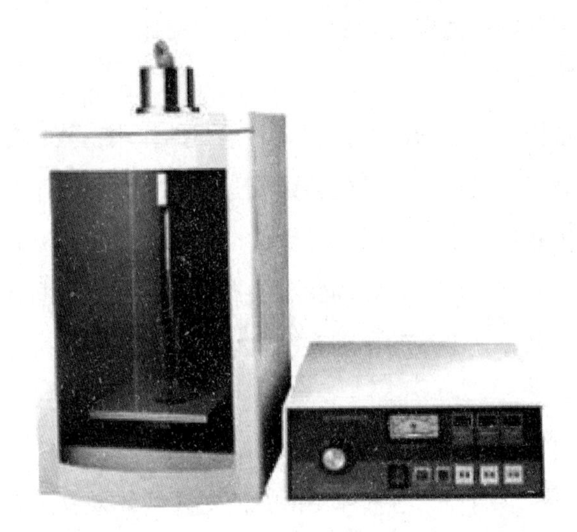

图 2-10　超声波处理污泥的试验装置

（五）超声波破解特性

超声波可以破坏污泥中絮状体的结构和细胞壁，并且能够释放细胞内的有机物质，加速水解过程。超声破解还对污泥的沉降性和脱水性能有一定的改善作用，超声波对剩余污泥会产生一种海绵效应，使水分更容易从波面产生的通道通过，从而使污泥颗粒聚团、粒径增大，当粒径大到一定程度时，就会做热运动相互碰撞，最终沉淀。超声波还能提高污泥的活性，这样就会使厌氧消化过程的效率有所提高。超声破解剩余污泥还具有一些优点：例如：超声破解过程不会产生有毒的二次污染物和其他化学物质，超声对污泥的活性有良好的改善作用，一定强度的超声能够提高剩余污泥的脱水特性，超声设备简单、成本较低、易于推广等。但是超声破解过程中的能耗较大。

第五节　污泥热解技术

一、基本原理

污泥热解技术是指污泥在常压无氧或低于理论氧气量的条件下，加热干燥污泥至一定温度（低温：500℃以内；中温：500~800℃；高温：800℃以上），在干馏和热分解的作用下，利用温度驱动污泥中有机物（主要是脂类、蛋白质类）热裂解和热化学转化反应，最终产物为油、反应水、不凝性气体（NCG）和炭四种，是不可逆的化学变化。无氧热分解可促使污泥中有机物发生还原作用，产生可供回收利用的低碳化石燃料，如甲烷或乙烷等。污泥热解技术是近年来为改进污泥焚烧，而发展起来的污泥处理技术，其能量平衡优于污泥焚烧。

二、热解过程

污泥热解是一个复杂的化学反应过程，包含大分子的键断裂、异构化和小分子的聚合等反应，最后生成各种较小的分子。在温度为100~120℃时，污泥逐渐干燥，吸收水分分离，此时并没有观察到物质分解；温度达到250℃以内时，减氧脱硫发生，可观察到物质分解，结构水和CO_2分离；当温度达到250℃以上时，聚合物裂解，硫化氢开始分裂；340℃时，脂族化合物开始分裂，甲烷和其他碳氢化合物分离出来；温度继续升高到380℃时，污泥出现渗碳；400℃时，糖类化合物转化，肽键断裂，基团变性转移；400~420℃时，沥青类物质转化为热解油和热解焦油；达到600℃左右时，沥青类物质裂解成耐热物质（气相，短链碳水化合物，石墨）；超过600℃后，烯烃、芳香族化合物开始形成。

三、热解工艺

一个完整的污泥热解工艺，包括贮存和输送系统、干燥系统、热解系统、燃烧系统、能量回收系统和尾气净化系统。污泥的贮存和输送系统是整个工艺流程的开始，起到对污泥的贮存和将污泥输送进入干燥装置的作用。污水厂脱水污泥的含水率一般在80%左右，不能直接进行热解，需要通过干燥系统去除一定量的水分，将污泥含水率降低至20%~25%。热解就是在无氧环境下将固态污泥裂解，生成气态和固态的产物。热解工艺流程，如图2-11。

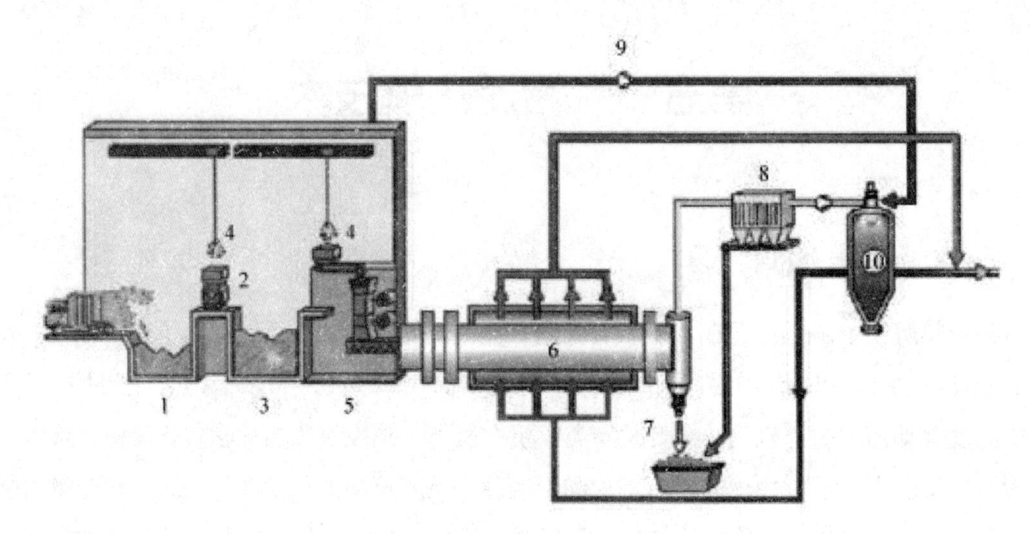

图 2-11 热解工艺流程

注：1. 粗糙部分 2. 破碎机 3. 细小部分 4. 吊车 5. 输人装置 6. 热解炉 7. 输出＋冷却系统 8. 热解气处理 9. 风扇 10. 燃烧室

气态产物为热解气，是一种可燃气体。从热解设备（热解炉）中生成的热解气含有一定的有害物质，可以进行燃烧处理，不但可以利用热解气的能量，同时将有害物质转化为完全氧化的烟气。热解气也可以用处理烟气的方法（喷淋、吸附等）将其中的有害物质去除，干净的热解气供应给发动机或者燃气轮机。系统的无氧环境减少或阻止了多环芳香烃的生成。

固态的产物是污泥热解后的残渣，其结构极易湿润，所以出渣装置需采取防堵塞措施。另外，热解残渣的化学性能稳定，可耐强酸腐蚀，污泥中的重金属被固化在其中，确保了无害化。

热解产生的热解气经过旋风除尘器后，和污泥贮存仓的废气一同进入燃烧室燃烧，这样可以防止异味外泄。燃烧室产生的烟气优先用于热解炉的加热，热解炉出口烟气温度为600℃，这部分烟气再进入余热锅炉进行余热利用，充分实现资源的合理利用。当系统自身能量不能维持平衡时，燃烧室需外加燃料（天然气或油）作为补充，以达到维持系统能量平衡的目的。

将热解加热后的烟气进入余热锅炉，产生的蒸汽用于干燥污泥。对于不同的工艺条件，可以选择不同的能量回收方案。

污泥的热解通常是在常压下进行，但实际上为了避免异味泄漏，一般在热解炉内维持一定的负压。

四、技术发展

污泥热解技术最早出现是1939年，Shibata在法国申请的一项专利。然而直到20世纪70年代，各国学者才逐渐开始深入研究污泥热解工艺与机制。Bayer等在1981年研究发现，在400~500℃缺氧条件下，污泥中各种有机质在硅酸铝和各种重金属的催化作用下转化为烃类物质。1983年，加拿大建立了第一个小型热解制油装置，紧接着在1986年，建立了第二个日处理干污泥1t的中试装置。第一个商用污泥热解制油装置是1995年建立于澳大利亚苏比亚克的污水处理厂，采用ENERSLUDGETM热解工艺，日处理30t干污泥。

此后，各国学者在污泥热解制油方面开展了大量的研究。研究表明，污泥热解产油主要发生在200~500℃，产油量最大发生在450℃，金属氧化物（CaO、La_2O_3）催化可以降低热解油中含氯有机物产量，提高热解油的品质。部分学者还研究了污泥与垃圾等废弃物混合热解制油。

我国同济大学何品晶等也研究了污泥热解技术，试验结果表明：污泥低温热解的适宜反应温度为270℃，停留时间为30min；脱水泥饼含水率是低温热解能量平衡的主要影响因素，过程能量平衡转折点的含水率是78%；污泥低温热解处理的总成本低于直接焚烧法。

贺利民对炼油厂废水处理污泥也进行了催化热解试验，初步考察了温度和反应时间对产油率的影响，讨论了系统质量与能量平衡。以Na_2CO_3为催化剂、CH_2Cl_2为萃取剂，总压为1.4MPa，产油率随温度的升高而增加，当温度为300℃时产油率＞54%。热解前的污泥干燥，可利用催化热解产生的低级燃料来提供能量，实现能量循环；热解生成的油还可用来发电。

王琼等研究了污泥的热解处理，介绍了污泥热解法的基本原理和反应模式，并探讨了外部条件对热解反应的影响。国内目前大多数研究低温阶段的热解污泥，缺少高温阶段的研究，文章特别介绍了国内研究较少的污泥热解的高温阶段，并提出了热解法应用中存在的一些问题。

陈晓平等采用热重法对造纸污泥、市政污泥及其与煤的混合物的热解特性进行了系统研究。表明造纸污泥的挥发分析出特性与烟煤相当，而市政污泥的挥发分析出特性远优于造纸污泥和烟煤；在污泥与煤混合物的热解过程中，物种组分之间的相互作用可以忽略。随着升温速率的增加，污泥与煤混合物的挥发分析出温度提高。

沈伯雄等研究了热解终温对污水污泥热解产物产率的影响，研究表明，热解终温为450~500℃时，液相产物产率较高，随着热解终温的升高，热解残渣减少的趋势与液相产物增加的趋势相似；450℃时，得到的污泥热解油的轻质组分中主要含有烷烃类、烯烃类、腈类、含氟杂环化合物和单环芳香烃等；随着热解终温的升高，残渣表面越来越松散和粗糙；450℃时，得到的热解残渣孔容积最大；500℃时，得到的残渣微孔最为发达，比表面积值最高。

五、影响因素

许多学者认为操作条件，如热解温度、停留时间、压力、升温速率、气固相停留时间及物料的尺寸等，对热解产品及热解产品的分布状况有很大的影响。国内在研究污泥热解转化时，大多在低温阶段。虽然在较低温度如200℃时，污泥就会发生热解转化反应，放出气体，而国外的研究已经集中在高温阶段，如500℃以上，这能更好地了解转化机制，并努力地去控制热解转化过程。何品晶等报道污泥热解的能量输出最大时的温度是270℃，气体停留时间为30min，这个过程为能量净输出过程。

Sherr报道，获得的最大油量是污泥总量的30%，其温度是525℃，气体停留时间是1.5s。随着停留时间的增加，其产量降低。这与污泥中各种有机质的化学键，在不同温度下的断裂有关。在450℃以上，裂解产生的重油发生了第二次化学键断裂，形成了轻质油，气体停留时间也相应地增加；在525℃以上，会形成更轻质的油和气态烃，不凝性气体的量提高，炭的量也随着气体量的增加而减少。

加热速率的影响具有阶段性。Injuanzo报道，加热速率的影响，只是在较低的热解温度（450℃）下才有很重要的作用；而在较高的热解温度（650℃）下，其加热速率的影响可以忽略不计。在450℃时，更高的加热速率使热解效率更高，会产生更多的液态成分和气态成分，而降低了固态剩余物的量。

在污泥热解过程中，添加催化剂具有很多优点，在充分的反应条件下，在催化裂解过程中，添加有效的催化剂能够缩短热解时间，降低所需温度，提高热解能力，减少固体剩余物的量，控制热解产品分布的范围。

六、热解特性

（一）热解技术的优点

（1）热解技术能实现污泥的减量化和无害化，符合污泥处理的根本目标。

（2）污泥热解产物能代替不可再生能源，满足可持续发展的要求，实现污泥的资源化，并且不产生二噁英。

（3）热解法适用范围广，可以处理各种污泥，不受污泥内含物的影响，这也是堆肥等方法所不能比拟的。

（4）污泥热解可以实现重金属的固化，避免了残渣中重金属析出对环境造成危害。

（二）热解技术的不足

由于热解技术发展时间不长，且在国内大多处于基础研究阶段，因而存在一些不足之处：

（1）热解法的减量化不如焚烧法，热解液态产品，也会产生少量的有害物质，而且其相关技术也没有焚烧法发展得完善。

（2）污泥热解工艺发展时间较短，系统的反应模式、操作参数、能量平衡以及经济可行性等方面的研究不够系统、深入。

（3）对污泥热解产物的综合利用途径和热解设备的研究相对薄弱，同时我国污泥的脱水、干化程度普遍偏低，这些都在很大程度上限制了该法的产业化应用。

（4）热解技术在固体废物处理领域的优点吸引着发达国家的持续关注，但我国污泥管理体制较为混乱、经济相对落后和发展不平衡，造成了人们对污泥热解技术的认识和重视程度不够。

第六节 污泥水解技术

污泥水解技术分为热化学水解技术和酶水解技术。下面详细讲述。

一、热化学水解技术

污泥热化学水解的主要目的有三个方面：第一，稳定化和无害化。通过加热使污泥中的有机物质发生化学反应，氧化污泥中的有毒有害污染物（如 PAH、PCBs 等），杀灭致病菌等微生物。第二，减量化（主要针对污水厂污泥）。通过加热破坏细胞结构，使污泥中的内部水释放出来而被脱除。例如，焚烧工艺可使所处理污泥（实际是焚烧后的灰渣）含水率降到零，实现最大限度的减量化。第三，资源化。一方面通过热化学处理后的城市污泥，因其已经稳定化，可以进行相关的资源化综合利用；另一方面热化学处理可以将污泥中的大量有机物转化为可燃的油、气等燃料，提供了一部分能源。

（一）基本原理

污泥热化学水解是利用污泥在加热的条件下，将污泥中的有机物以气态或液态形式分离出来，仅留下固态残留物做最终处理。从污水厂出来的污泥含水率高，在热化学处理过程中，通过加热破坏细胞结构，使污泥中的内部水释放出来。因此，热解所需的大部分能量主要是进行水分的脱除。热化学处理除具有上述减量化作用外，另一个作用就是利用贮存在污泥中的能量，实现资源化。这是由于污泥本身的物理特性和具有的热值（与煤的热值相近），使其能作为一种生物质燃料使用。

（二）热化学水解

早在1939年，热水解就应用于英国，到了20世纪70年代，Zimpro公司开发出了低压氧化工艺（LowPressureOxidation，LPO），降低了操作温度（＜200℃），主要应用于改善污泥的脱水性能，但是污泥中有机物的氧化率很低，只有15%~20%。到了70年代末，开始用于提高污泥的厌氧消化性能，从80年代中期起，人们开始在热水解过程中加入辅助药剂来降低热水解的温度。常见的药剂有酸（如HCl、H_2SO_4）和碱［如NaOH、KOH、$Ca(OH)_2$、$Mg(OH)_2$］，通常热水解的温度＜100℃。Franciszek等发现在初沉池污泥中加入Ca(OH)2，可以加强氨的释放以及蛋白质与脂肪的水解。污泥经过热化学水解后脱水性能和厌氧消化性能都得到提高。

pH值过高或过低都会降低微生物对高温的抵抗力，所以热化学水解法也可以用来进行污泥破解，其所需要的反应时间比单纯加热或只添加化学药剂（酸、碱）时间短（Tanakaetal.，2002）。污泥减量可通过微生物隐性生长方式实现，例如微生物的生长可以依靠自身的溶解物质，因此可以通过热—碱—酸或者几种技术的联合实现细胞的破解来处理污泥。

研究发现，在热化学水解技术中，碱对细胞磷脂双分子层有很好的溶解作用，可能是因为在静电排斥下胞外聚合物的破裂（由于pH值的增加），其中氢氧化钠对于细胞的水解最为有效。热酸同样可以达到溶胞效果，当向污泥中加入硫酸时，可以提高胞外多聚物（ECP）的降解率以及污泥的脱水性能，在其他条件相同时，碱的溶胞效果要好于酸，这可能是由于碱对细胞的磷脂双分子层的溶解要优于酸的缘故。Neyens等发现，热酸水解可以使干污泥减量约70%，脱水性能增加1倍以上。预处理后污泥的溶解性BOD5和COD浓度明显增加，有利于后续厌氧反应的进行。Borghi等认为物化—热化学法预处理的应用，可以改善木质纤维素的难降解特性，使其从水晶结构的纤维素向无定型结构转化，更能破坏木质素交联情况，加速水解酶的扩散。使用热化学方法的缺点是工艺的运行及化学物质容易对设备产生腐蚀，因此对设备材料要求较高，运行维护费用也较高。另外，增加了盐离子浓度和后续工艺的处理难度。

1. 热碱水解法

热碱水解法是一种有效的污泥预处理技术。污泥经过热碱水解后，微生物絮体解体，微生物细胞破解，细胞的有机质（如蛋白质、脂肪和碳水化合物）被释放出来，并进一步水解，因此污泥性质也会发生变化。

李敏等在常温下利用化学试剂 NaOH 和 $Ca(OH)_2$ 对污泥进行预处理，发现在相同的投加量下，NaOH 得到的 COD 转化率比 $Ca(OH)_2$ 增大了 20% 以上。当 pH 值高于 11 时，污泥的絮体和细胞结构均会被破坏。Lin 等（1998）研究了在室温条件下在总固体为 0.5%~2% 下加入剂量为 10~50mg/L 的 NaOH 试剂 24h 后，得到了 SCOD 的增加效果，表明加碱预处理有利于污泥生物降解性能的提高。Neyens 等（2003）运用 $Ca(OH)_2$ 作为碱水解的化学药剂，在温度 100℃，pH=10 左右，反应 30min，发现所有的病原体全部被杀死。Shigeki 等用热化学水解污泥，在温度 175℃及压力 4MPa 下保持了 1h，通过离心的方式得到沉淀和上清液进行消化实验，得到了很好的效果。

2. 汽化与高温热解

污泥汽化类似于煤化工中的水煤气生产工艺，一般以水蒸气为汽化剂，蒸汽可以外加，也可以通过蒸发污泥中所含的水分来产生。汽化过程中的污泥在反应器内形成填充床，进入床内的贫氧空气在床中形成一定高度的燃烧带，含水蒸气的高温气流与污泥接触，通过热解、蒸汽重整、水汽变换等反应使污泥汽化，产生燃气，同时气流的温度因汽化反应吸热而渐渐降低，发生汽化反应的区域称为汽化带，离开汽化带的气流再经过干燥带，降温并干燥污泥后，离开反应器。

污泥高温热解的热源是外加的，一种类似于带加热夹套的回转窑的热解设备，曾被用于生物质热解研究，但夹套中以燃烧天然气为供热的方式显然是不经济的。工程中使用的污泥热解设备为双塔循环流化床。其中一个塔是燃烧塔，燃烧从热解塔来的部分燃气和剩余焦炭，燃烧后的部分残渣作为载热体，循环至热解塔，加热生物质使之热解产生可燃气体。可燃气体分流，部分回燃烧塔，剩余燃气作为产品收集。以燃气为主要产物时热解塔的操作温度应大于 800℃。如当温度为 600℃时，产生的可燃气相中含有大量可冷凝焦油，经冷凝后可获得以焦油为主要成分的燃料产物。

3. 低温热化学转化

低温热化学转化除操作温度比较低外，与高温热解有许多相似之处，因此也称为低温热解。但从过程原理的角度看，温度在 500℃以下的该操作过程中，主要发生的是生物质基团转移、支链断裂、脱水等化学反应。作为热解反应特征的主链断裂、缩聚、环化等过程并不占优势，故称其为热化学转化。反应过程中的产物是不凝性气体、冷凝油、水和焦渣。产物的能量主要分布于冷凝油和焦渣中。该过程可在间壁换热式反应器中完成，加热能量由部分含能产物燃烧产生的高温燃气提供。产生的热化学转化蒸气流在冷凝器中分离为气/液两相，液相再通过沉降分离设备分离为油/水两相，然后分别对产品进行收集利用。

4. 直接热化学液化

虽然直接热化学液化的反应可能在气 - 液 - 固三相中发生，但由于作为主体原料的污泥是悬浮在液相中参与反应的，故也被称为液化过程，其操作过程是：与溶剂混合后的生物质，进入反应器内，反应器中充入一定压力的活性或惰性气体，升温反应后，反应混合物经降压、降温、分离后成为溶剂相、气相、油相和固相（焦）。其中，油和焦是主要的含能产物，该过程涉及液化溶剂和反应气体选择等多个环节，所以污泥直接液化的工艺类型颇多，包括有机与无机溶剂、加氢与不加氢、高压与常压、加催化剂与不加催化剂等区别。但作为一个温度驱动的化学过程，其操作温度区域为 250~450℃。其中采用水溶剂的过程为 250~350℃，基本属于低温热化学转化的范围。其与气相热化学转化过程的明显区别在于溶剂能改变过程的传递条件，从固相裂解的物质在溶液的包围下被稳定化，不致重新与固相接触分解；同时，具有加氢活性的反应气体，能强化生物质的脱氧过程，并阻止缩聚与炭化的发生，二者均有利于获得更高的固相有机物转化率。这也是液相热化学转化比气相热化学转化，在相同温度下能转化更多的生物质的主要原因。液相污泥转化的另一个衍生工艺是液相汽化，该过程的主要操作过程与直接液化相同，但采用的 Ni 系非均相催化剂，使其能使一些聚合物溶液和溶解性生物质转化为以 CH_4 和 CO_2 为主的气体，但目前该过程在转化不溶性的大分子聚合物时，汽化率明显低下，其应用前景仍待探索。

由于污泥能量低，所得转化产物的能量不足以平衡用于维持反应过程高温的能量需求，在经历了 20 世纪 70~80 年代前期的发展与评估后，国际上，目前已基本放弃了将高温（>700℃）热转化工艺作为污泥处理实用技术的发展方向。

污泥低温热化学转化工艺的特点是维持过程温度的能量需求较低，从能量平衡的角度看是较适合在污泥处理中应用的。事实上，20 世纪 80 年代中期以来，两种在热化学反应的低温域内操作的污泥热转化处理技术——直接热化学液化和低温热化学液化在国际上得到持续发展。

（三）影响因素

1. 温度

过高的温度，不仅可以破坏污泥的絮凝结构，还可以使污泥细胞内的蛋白质、多糖、脂类及其他胞内高分子物质大量溶出，成为溶解性物质，从而提高液相中 SCOD 的浓度。不同温度下，细胞被破坏的部位不同。在 45~65℃时，细胞膜破裂，rRNA 被破坏；50~70℃时，DNA 被破坏；65~90℃时，细胞壁被破坏；70~95℃时，蛋白质变性。不同的温度使细胞释放的物质也不同，在温度从 80℃上升到 100℃时，TOC（总有机碳）和多糖释放的量增加，而蛋白质的量减少，一般来说，150℃以上的温度就能使污泥的脱水性能大大提高。

2. 反应时间

随着反应时间的增长，胞内有机质不断溶出和水解，使得水相中的 SCOD 不断增加，并且反应时间的延长往往会导致高的处理成本。

3.pH 值

pH 值作为热水解的一项重要条件参数，在很大程度上影响着污泥的水解效果。pH 越高，SCOD 溶出量越大。碱的加入减弱了污泥细胞壁对高温的抵抗力，加剧了剩余污泥细胞内有机质的释放与水解，增强水解效果。碱的杀菌能力依碱的电离度而定，即能电离出的 OH- 浓度越高，其杀菌能力就越大。强碱能水解蛋白质及核酸，使细胞酶系和结构受到损害，还可分解菌体中糖类，使细胞失活，破坏细胞，使胞内物质溶解到周围环境中。污泥中主要的细菌是革兰氏阴性菌，其胞外聚合物、细胞壁及细胞质膜中的脂类可在氢氧化钠溶液中水解。

4. 污泥浓度

热处理后污泥的 SCOD 随着污泥浓度的增大而增大，污泥浓度越高，热处理后污泥溶出的 SCOD 就越多，但是单位污泥溶出的 SCOD 却是基本不变的，即大的污泥浓度，溶出的 SCOD 总量大，但溶出速率并没有多大的变化。

（四）处理技术特点

采用热碱法促进污泥水解，能有效避免同步法操作过程中，由于高温高碱度对污泥中有机物产生的美拉德效应，污泥中有机物的可生化性得到明显提高。另外，采用热碱法预处理污泥，可以将污泥中的有机物充分转化成可以回收利用的消化气，避免其对环境造成二次污染，能最大限度地满足污泥无害化、资源化的处理原则。根据实验结果，建议在生产环节中，在污泥浓缩池后，增设一个停留构筑物，污泥在该构筑物中碱性环境下停留 24h，随后进入高温反应构筑物，可以用厌氧消化产生的生物气作为该构筑物的热源。

二、添加酶制剂的酶水解技术

酶作为一种高效生物催化剂不但处理效率高，且对环境无副作用。酶水解技术是向污泥中投加酶制剂或投加能够分泌胞外酶的细菌，达到溶胞的目的，同时这些细菌或酶还可以将大分子有机物分解为易生物降解的小分子物质，有利于多种微生物的二次利用。添加酶制剂（如淀粉酶、蛋白酶和脂肪酶等）的污泥处理方法，不但可以缩短污泥水解时间，改善污泥的脱水和消化性能，有利于污泥的后续处理，且对环境无二次污染。

（一）酶水解污泥原理

污泥的溶解主要是污泥的聚集和微生物细胞的溶解。污泥中的有机物质主要是由蛋白质、碳水化合物、脂肪等复杂物质组成，而这些复杂的高分子有机物因相对分子质量巨大，不能透过细胞膜，从而不能被微生物作为基质底物直接利用。然而污泥中的某些微生物可以分泌特定的胞外酶（如蛋白酶、淀粉酶、脂肪酶等），将这些复杂的大分子有机物水解成可以穿透细胞的小分子物质，这些小分子的水解产物能够溶解于水并透过细胞膜被细菌利用，从而使其降解。例如，纤维素在纤维素酶的水解作用下生成纤维二糖和葡萄糖，蛋白质在蛋白酶的作用下生成短肽和氨基酸，淀粉在淀粉酶的作用下生成麦芽糖和葡萄糖等。这些有机物的小分子的水解产物能够溶解于水，并能够在透过细胞膜之后，被细菌直接利用。

污泥可以认为是由许多不同的微生物包埋在聚合物组成的网络中形成的，这些聚合物就是胞外多聚物（EPS），其主要组成物是蛋白质和碳水化合物。胞外酶水解有机物的过程主要如下：首先酶将复合有机物水解成蛋白质、纤维素、淀粉等碳水化合物、油脂类，然后蛋白质在蛋白酶的作用下水解成多肽、二肽、氨基酸，而氨基酸进一步通过脱氮作用，水解成低分子有机酸、氨及二氧化碳。碳水化合物在纤维素酶、淀粉酶的作用下水解成小分子的多糖甚至单糖；油脂类在脂肪酶的作用下水解成脂肪酸、甘油等，这些水解产物可溶于水被微生物直接利用。

酶对污泥的水解有两方面的作用：一方面是酶对有机物的水解，胞外酶可以将底物高效水解成能溶解于水并可以穿透微生物细胞的小分子物质，并透过细胞膜被微生物利用。另一方面是由胞外酶引起的细菌解体作用，在酶的催化作用下，污泥固体溶解的同时有机质不断被水解，这一过程破坏了污泥的絮体结构，在一定程度上改变了细胞的性状和性能，同时也降低了胞外多聚物对细胞壁的保护作用，但并没有从根本上溶解微生物的细胞壁。

（二）酶水解污泥技术的发展

直到20世纪90年代，国内外才有人研究将酶应用于污泥水解，并指出其在水解过程中具有重要的作用。Kobelco从1995年以来就尝试着寻找水解污泥的有效细菌，最终建立了创新性的S-TE（基于微生物隐性生长的嗜热菌剩余污泥溶解技术）过程，实践证明其为经济、高效、安全的污泥减量技术。但在实际应用中，在污泥中加入微生物，增加了污泥负荷，运行周期长，且微生物分泌酶量有限，不能达到理想的处理效果。Jung等于2002年根据剩余污泥中的实际情况，从中提取蛋白酶，投加于污泥中，强化污泥的水解效率。同年，Whiteley等研究了在污泥酶水解过程中，温度、pH值等环境因素对蛋白酶和磷酸酶水解污泥效果的影响。随着酶工程的兴起，各种酶以及菌株的提取筛选方法，已成为各国科学家研究的重点，同时酶水解技术开始在各行各业中得到应用和发展。Cammarota 等在处理高浓度油脂废水时，分离出一株能够分泌胞外酶来降低高油脂废水中各种复杂有机物的菌株。将酶和微生物混合加入污泥中，可以大大提高污泥的水解效率。Kim 等在厌氧条件下，投加外加酶于餐厨垃圾进行水解，取得了较好的减量效果，有利于垃圾中微生物的分解。Roman 等向初沉污泥中投加酶，降低固形物含量，提高了污泥的消化性能以及脱水性能。Alessandra 等将脂肪酶添加于屠宰废水中，当酶添加量为 0.1% 时，厌氧处理效果良好，甲烷气体生成量明显增加，同时也减小了反应器体积。吕健等对纸浆污泥纤维素酶水解进行了研究，发现加入少量氯胺可以有效抑制系统中细菌的增长，保持纤维素酶的活性；对于灰分较大的纸浆污泥，可以先调节 pH 值；纸浆污泥酶水解的温度，要根据纤维长度来确定。陈小粉等考察了在微好氧条件下，外加淀粉酶对污水处理剩余污泥热水解的影响，发现其对污泥的热水解有促进作用。

为了强化污泥酶水解效率，人们开始研究将各种预处理如络合剂预处理、微波预处理、超声波预处理，甚至是分泌胞外酶的溶解菌与酶处理技术结合应用。为了更有效地强化污泥酶水解技术，提出了固定化酶技术，它是用物理或化学方法使酶与水不溶性大分子载体结合或把酶包埋在水不溶性凝胶或半透膜的微囊体中制成的，与游离酶技术相比，表现出高效的专一性、较强的环境适应能力，还表现出贮存稳定性高、分离回收容易、可多次重复使用、操作连续可控、工艺简便等一系列优点。至于酶水解技术与预处理技术的相互作用，运行参数的优化，与水处理工艺的合理组合等，仍需进一步研究探讨。

（三）酶水解污泥的特点

相对于物理法、化学法和生物法等其他污泥处理技术，酶处理技术不但可以达到水解污泥胞外聚合物（EPS）、破坏大颗粒污泥的絮体结构的目的，而且能增大污泥与微生物接触的表面积，使污泥高效水解，同时还能缩短污泥的后续消化时间，改善污泥的消化性能和脱水性能。此外，酶是一种高效生物催化剂，与添加嗜热菌微生物相比，该技术的污泥负荷降低，从而产生的污泥体积相应减少，对周围环境的适应能力也更强，在一个很大的 pH 值和温度范围内仍然具有活性。

酶的催化效应具有专一性。根据酶的特异性学说，每种酶一般只能催化水解一类特定的物质。同时，酶是一种容易生物降解的蛋白质，这就意味着其降解的最终产物不会对环境产生任何二次污染或副作用，可以称之为环境友好型生物制剂。

就目前而言，酶的生产成本偏高，限制了酶在污泥水解中的应用，但酶处理技术能够最大限度地实现剩余污泥减量和降低供热成本，同时其催化性能的高效性，在较低投加量下就能取得满意的处理效果，因此相对而言，其处理成本可低于化学处理方法，在一定程度上是经济可行的。

（四）酶水解的影响因素

酶水解速率和水解程度受诸多因素的影响，如 pH 值、温度、金属离子、有机质的组成及颗粒大小、复合酶种类及配比、水解产物（如挥发性脂肪酸、氨等）的浓度等。

1.pH 值

pH 值是影响酶活性的重要因素之一，每种酶有其特定的适宜 pH 值范围。如 pH 值在 5~6 时，适宜丙酸菌的发酵和积累。酶在其最适 pH 值范围内表现出活性，超出其最适 pH 值范围，酶活性就会降低。不同 pH 值条件使底物分子和酶分子呈现出不同的带电状态，进而影响到酶和底物的结合；pH 值过高或过低都会影响酶的稳定性，从而使酶受到不可逆的破坏。

反应介质的 pH 值对酶的影响，主要体现在两个方面：一是影响其活性中心上必需基团的解离程度和激化集团中质子供体或受体所需的离子化状态；二是影响底物和辅酶的解离程度，进而影响酶和底物的结合。污泥是由不同的微生物组成的，然而不同微生物生存的最适 pH 值环境不同，因此污泥水解的最适 pH 值也各不相同。有机物水解过程中，pH 值的变化和 VFA（挥发性脂肪酸）的积累会对碳水化合物和蛋白质的水解产生一定影响。He 等研究 pH 值为 5~9 对 VS 的去除效果，研究表明，中性 pH 值条件下的 VS 去除率最大；pH 值为 8 和 9 时的 VS 去除率稍低；酸性环境可大大影响水解效果，pH 值为 5 和 6 时，水解效果明显受到抑制。

2. 温度

温度是影响微生物生命活动的重要因素，各种微生物的生长和繁殖都有一个适宜的温度范围，改变温度会抑制或破坏污泥中细菌的活性。一般来说，嗜冷微生物其生长温度为 5~20℃；嗜温微生物其生长温度为 20~42℃；嗜热微生物其生长温度为 42~75℃。温度是污泥水解中一个关键的影响，图 5-12 温度对酶促反应速率的影响因子，各种酶在最适温度范围内，酶活性最强，反应速率随着温度的升高而加快，但酶是一种蛋白质，超过最适温度后会随温度的升高而变性，而低于最适温度，酶的活性会失活。如图 2-12 所示。

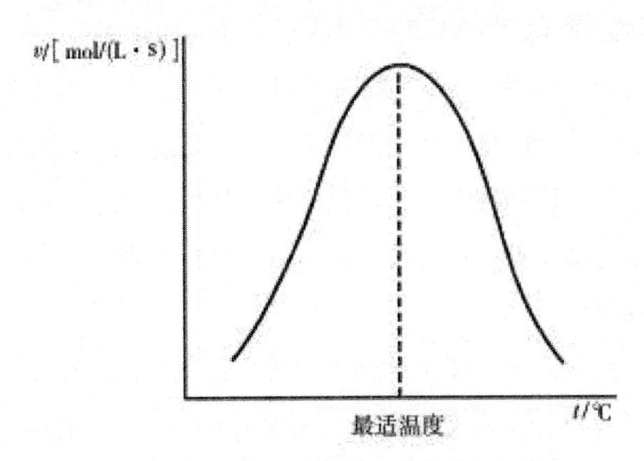

图 2-12　温度对酶促反应速率的影响

过高或过低的温度都会降低酶的催化效率，即降低酶促反应速率。最适温度在 60℃以下的酶，当温度达到 60～80℃时，大部分酶发生不可逆变性破坏；当温度接近 100℃时，酶的催化作用完全丧失。一般中性蛋白酶的最适作用温度为 40℃左右，α-淀粉酶的最适作用温度为 50～60℃，脂肪酶属于中温酶，最适作用温度为 40℃左右。因此，考虑处理过程的经济高效性，污泥水解温度应控制在 40～50℃。

3. 金属离子

酶的水解效率也受金属离子的类别和浓度的影响。钙离子、亚铁离子、锌离子、镁离子等二价阳离子具有抑制或刺激胞外酶活性的效应，从而影响污泥水解效果。高浓度的 Fe^{2+} 和 Zn^{2+} 可直接抑制酶催化的接触点，除此之外还可与酶的巯基、氨基等生成金属 - 酶联合体而沉淀，从而抑制酶的活性；但低浓度时却又会刺激其活性。被合成后呈现无活性状态的酶被称为酶原，它必须经过适当的激活剂激活后才具有活性，能激活酶的物质称为酶的激活剂。许多酶只有当某种适当的激活剂存在时，才可表现出催化活性或强化其催化活性，称之为酶的激活作用。激活剂种类有很多，主要有无机阳离子（如钾离子、钠离子、钙离子、铜离子等）、无机阴离子（如氯离子、磷酸盐离子、溴离子、碘离子和硫酸盐离子等）和有机化合物（如维生素 C、半胱氨酸、还原性谷胱甘肽等）。另一方面，有机废物中的某些重金属离子可束缚复杂机体和有机物，抑制了酶分解有机物。铅是最强的束缚元素，镍是最弱的，锌、铜、镉表现出间接的吸附特性（Smith，2009）。钙离子在高浓度时，可以显著增强酶的热稳定性，从而提高其催化活性，因此某些研究通过添加钙离子络合剂来提高污泥水解效果。

4. 污泥性质

酶能否有效地与底物接触也是影响水解速率的关键，因此大颗粒比小颗粒底物降解速率要缓慢很多。污泥是由胶团组成的，组成胶团的基本特性（颗粒大小、表面性质、内部结构及水分分布）会影响胶团能否与酶进行有效接触，从而影响水解速率及水解效果。例如，对于来自植物中的物料，其生物降解性取决于纤维素和半纤维素被木质素包裹的程度。纤维素和半纤维素是可以生物降解的，但木质素很难降解，当木质素包裹在纤维素和半纤维素表面时，酶无法接触纤维素与半纤维素，导致降解缓慢。活性污泥主要由微生物构成，在污泥消化中，细胞的死亡和自溶比水解过程更快，并在污泥消化中起到重要作用。由此，向反应器中添加酶来水解细胞壁，促进消化过程并增加产气量有一定的理论支撑。

5. 复合酶的种类及配比

污泥的成分复杂，污泥胶团主要是由胞外聚合物组成，其主要成分是蛋白质和碳水化合物（主要是淀粉和纤维素），因此投加单酶只能水解特定的有机物，而对污泥中其他的物质水解效果较差。蛋白酶可以减少病原菌数量，降低固形物浓度，增加污泥中菌胶团数量，β-葡聚糖和溶菌酶能絮凝污泥，脂肪酶和溶菌酶能够大大降低固体颗粒物的浓度。因此，根据污泥的种类和特性，通过加入特定的复合酶及相应的配比，可以加速溶胞过程和胞内有机质的有效释放，并可对污泥中各种成分进行专性高效的水解。

第七节　污泥氧化技术

一、强氧化剂氧化技术

（一）臭氧

1. 基本原理

臭氧氧化技术属于物理化学—生物法，其本质就是在传统的活性污泥法工艺中增加一套臭氧处置装置，把部分回流污泥引入臭氧装置器中，利用臭氧的强氧化性，破坏细胞壁，使细胞质溶出，菌体外的多糖类及细胞壁成分转化为易生物降解的分子，再返回至曝气池，作为基质用于微生物生长，达到废水、污泥双重处置的功效。

2. 处理过程

臭氧是一种强氧化剂，利用臭氧的强氧化性，可以将部分污泥氧化为二氧化碳和水。同时，一部分污泥溶解为生物可降解性的物质。臭氧氧化后的污泥之所以可进行生物处理，主要是因为臭氧氧化后的污泥中半数以上的炭是易生物降解的。

臭氧污泥减量系统一般由三部分组成：臭氧氧化系统、生物处理系统及污泥回流系统，如图 2-13 所示。

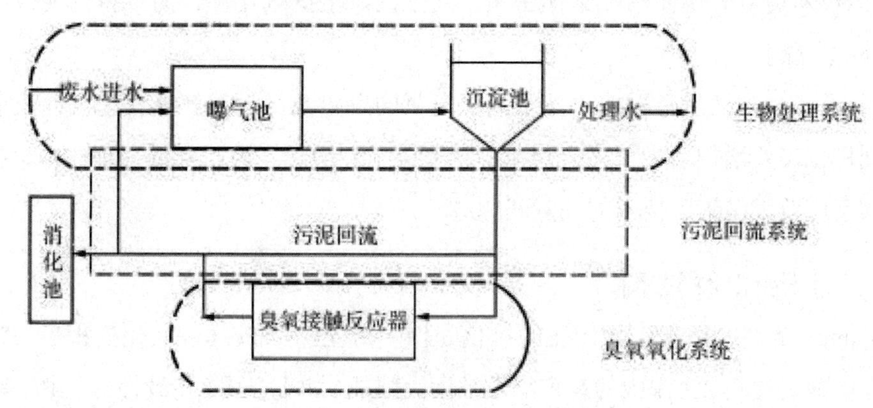

图 2-13　臭氧氧化污泥减量工艺

沉淀池回流的污泥一部分直接回流到曝气池，另一部分经臭氧氧化后，也回流到曝气池被生物二次利用。通过臭氧氧化，部分污泥被无机化，部分固相中有机物溶解进入混合液，提高了生物的可降解性。经臭氧氧化，污泥转化为一定程度上可被微生物利用的自底基质，其可生化部分在活性污泥的作用下矿化，从而实现隐性生长，使整个污水处理系统向外排放的生物固体量减少，从源头上控制污泥产量。

3. 影响因素

（1）臭氧投加量的影响。实际消耗的臭氧量，是影响污泥破解效果的决定性因素之一。有研究表明，当微生物受到氧化剂攻击时，微生物能释放抗氧化酶或抗氧化剂以保护自身，因此存在临界阈值，氧化剂投量必须高于此值，污泥才能发生破解。

（2）污泥浓度的影响。许多研究发现，即使在臭氧投量充足的条件下，污染物的去除效率也会随着污染物初始浓度的不同而变化，因此，适宜的污染物浓度对提高臭氧氧化效率非常重要。

（3）pH 值的影响。污泥臭氧氧化破解主要依靠臭氧的强氧化能力，而 pH 值对这一过程影响显著，不同污染物与臭氧反应的最佳 pH 值也不相同。

4. 处理特性

污泥的臭氧氧化技术对现有的水处理设施要求不高，操作灵活简便、易于控制。

存在的问题：

（1）操作条件还需要进一步优化。臭氧氧化污泥技术中涉及的各项操作参数特别是臭氧最佳剂量等，因为不同的处理系统、不同的污泥性质，所需要的投加量也不同，如何进一步优化并规范系统的操作条件，还需要进一步研究。

（2）出水水质还需要提高。污泥经臭氧氧化后，污泥菌体发生破碎，会使细胞壁等难生物降解的物质进入系统中，引起出水中有机碳浓度和浊度的升高，而且整个系统对营养物质的去除效果也不够理想。

（3）长期臭氧氧化使污泥絮体密集，变强，产生抗氧化性，为维持污泥破解率需要增加额外的臭氧。

（4）设备成本及运行成本仍然很高。臭氧的发生及污泥溶解液作为二次反应基质被微生物利用也需要增加动力消耗，相应的动力成本会增加，因此降低处理成本，提高臭氧和污泥的反应效率是整个技术的关键问题。

（二）Fenton 试剂

将 Fenton 试剂应用于生物污泥的氧化处理。污泥经过 Fenton 氧化处理后，污泥的沉降脱水性能显著提高，污泥中的有害物质被大大削减（如重金属、持续性有机物、臭味等），从而改善污泥品质，为污泥的后续资源化利用提供良好的基础。

1. 作用原理

Fenton 反应通常由 Fe^{2+} 催化分解 H_2O_2，生成强氧化性的羟基自由基（·OH），并利用其攻击和破坏有机污染物。

2. 功能

（1）调理污泥。污泥经过 Fenton 氧化处理后，其脱水性能显著提高。污泥中的水主要以自由态和键合态两种方式存在。自由态的水可以被简单的机械脱水去除，而键合态的水则不能，Fenton 氧化可以氧化破解污泥中的胞外聚合物（EPS），促使污泥中键合态的水被释放，从而提高污泥的脱水性能。

（2）稳定污泥。Fenton 氧化能去除污泥中部分有机物，杀灭病原菌，同时除掉污泥的恶臭，提高污泥的稳定性（钟恒文等，2003）。Fenton 反应将污泥中的硫化物氧化成硫酸盐，从而去除污泥的恶臭，减少有害气体的排放。Fenton 氧化对污泥中的难降解有机物去除效果明显，尤其是对于生物降解性差的芳香族化合物，·OH 通过亲电加成与芳香族化合物的 π 位电子进行反应，将其氧化成无害的小分子物质，为污泥的后续利用打下基础。

（3）去除重金属。利用 Fenton 氧化处理污泥时，可以去除污泥中重金属，提高污泥利用的安全性。

3. 影响因素

（1）pH 值。pH 值是 Fenton 反应的重要控制参数，同时自身对污泥的性质也产生直接影响。研究表明，pH 值为 3 时，Fenton 氧化可以达到最佳的反应效果。并且 pH 值对污泥的沉降性能也有一定的影响，反应的初始 pH 值越低，污泥的沉降性能越好。

（2）H_2O_2 投加量。H_2O_2 投加量是 Fenton 氧化体系最为关键的因素。随着 H_2O_2 投加量的增加，污泥的脱水性能以及脱水后泥饼的含固率大幅度提高；同时随 H_2O_2 投加量的增加，污泥中更多的有机物被氧化，更多的重金属离子被释放到液相，提高了污泥的稳定性和安全性。

（3）Fe^{2+} 投加量。Fe^{2+} 虽然在反应中作为催化剂用量较少且成本不高，但是 Fe^{2+} 在 Fenton 反应体系的作用却是非常重要的。Fe^{2+} 的投加量越少，H_2O_2 分解产生的自由基就越少，而且污泥中的有机物本身对 Fenton 循环反应存在抑制作用，因此 Fenton 反应速率会降低甚至停止；如果 Fe^{2+} 的投加量偏大，会在短时间内产生大量的·OH，可能使局部的·OH 的含量过高，造成污泥中的有机物氧化不充分，从而降低 H_2O_2 的利用率，增加处理成本，并且短时间内产生大量的·OH 会使反应过于激烈，在应用中带来不安全因素。

（4）反应温度。反应温度对反应体系的影响也很大。随着反应温度的升高，体系的反应速率随之加快，氧化效率提高，可以减少 H_2O_2 的投加量。

（5）反应时间。反应时间对污泥处理的影响主要是因为反应时间影响 Fenton 反应的进行。Fenton 氧化反应非常剧烈，所以反应时间通常控制在 1~2h。研究表明，利用 Fenton 氧化对污泥进行破解时，在 1h 反应时间内，污泥上清液中的溶解性 COD（SCOD）、蛋白质、多糖等指标急剧上升，反应时间在 1～1.5h 各项指标基本不再变化。

（6）污泥浓度。污泥自身的浓度对最终处理结果也有一定的影响。从经济角度看，氧化处理过程采用的污泥浓度越高，越有利于降低运行成本。然而，污泥是一个复杂的缓冲体系，浓度较高的污泥，需要用更多的酸调节 pH 值，耗酸量会加大，从这一方面来看，浓度较高的污泥又会增加处理成本。此外，污泥浓度越高，其成分就越加复杂，污泥性质就越不稳定，从而在实际运行中难以确定各项运行参数。

4. 作用特点

污泥经 Fenton 氧化处理后，污泥的稳定性大大提高，脱水性能得到极大改善，污泥中的各种有毒有害物质的含量大大减少；处理后污泥中微生物细胞溶解，细胞内的蛋白质、多糖等营养物质释放到污泥的上清液中，可以重新回流到污水生物处理系统中进行处理，但该方法仍存在一些难题：

（1）处理成本高。污泥酸度的调节和 H_2O_2 的用量是控制剩余污泥 Fenton 氧化处理成本的关键，反应时需要加入一定量的酸来降低污泥酸度，同时也提高了对设备的要求，并且 Fenton 试剂是一种无选择性氧化剂，污泥中其他的还原性物质会降低 Fenton 氧化的效率，反应过程也需要动力进行搅拌。

（2）反应存在安全隐患。H_2O_2 作为一种强氧化剂，在氧化有机物的同时，自身也会发生分解，产生氧气，操作不当可能会发生爆炸，存在一定安全隐患。

（3）操作条件需要优化。对污泥 Fenton 氧化技术中涉及的各项操作条件（H_2O_2 的最佳投量、pH 值、氧化处理时间等），还没有达成统一共识，如何进一步优化并规范系统的操作条件，尚需深入研究。

（三）氯氧化剂

氯氧化剂主要包括二氧化氯和次氯酸盐，利用其强氧化作用对污泥微生物的化学溶胞作用，实现污泥减量化。

1. 作用原理

二氧化氯本身的氧化性很强，并且能分解产生 ClO、O 等强活性物质，可以使碳碳双键及碳碳三键断裂，它也能使离域能较小的有取代基的苯环、稠环化合物的苯环开环和进一步氧化，也能破坏有机化合物中的碳氮双键、碳硫键、碳氧双键，还能与活泼氢反应，并可以杀灭水中的微生物、病原体等污染物，以及对微生物有溶胞作用而实现污泥减量化。

次氯酸盐和二氧化氯都能氧化破解污泥中微生物的细胞壁、细胞膜，并破坏膜内脂蛋白和脂多糖，从而使污泥中微生物细胞裂解，有机质释放出来，成为可被生物利用的基质，从而实现污泥的减量目的。

2. 影响因素

（1）反应时间。随着接触反应时间的延长，对微生物的灭活能力增强，但随着消毒时间的延长，消毒能力逐渐趋于平缓。

（2）投加量。随着投加量的增加，减少的污泥量越来越大。

（3）反应温度。二氧化氯的稳定性与温度有直接的关系，存放温度越低，稳定性越好，但在非高温的条件下，温度对二氧化氯的稳定性影响并不明显，反而随着温度的升高，二氧化氯单分子型体的扩散速度加快，从而提高了灭菌效能。

温度对次氯酸钠的影响很大，温度升高会加快次氯酸钠的分解速度。

（4）pH 值。污泥的 pH 值对氯氧化剂的氧化效果有很大影响，主要是因为 pH 值对氯氧化剂的稳定性影响很大，造成有效氯的降低，进而影响污泥减量化效果。

次氯酸钠在强碱性溶液、弱碱性溶液、中性溶液、弱酸性溶液、酸性溶液中，分别以不同形式存在。当溶液为强碱性时，溶液中主要成分为次氯酸钠，同时次氯酸钠分解速度非常慢；当溶液为弱碱性时，溶液中主要成分仍是次氯酸钠，但其分解速度较快，另外还有少量次氯酸；当溶液为中性或弱酸性时，溶液中主要有次氯酸、次氯酸钠两种组分，溶液分解速度很快；当溶液为酸性时，溶液主要组分为次氯酸，溶液分解速度很快，另外还含有少量氯气。

二氧化氯在 pH 值为 6~8.5，对微生物灭活效果影响较小。

二、湿式空气氧化技术

湿式氧化技术在处理高浓度废水方面，已得到了广泛重视并有了长足的发展，考虑到活性污泥从物质结构方面与高浓度有机废水十分相似，因此，若将该技术成功运用于城市污水厂活性污泥的处理，将会使活性污泥处理技术得到前所未有的改进。

（一）作用原理

湿式空气氧化技术（WetAirOxidationTechnology，WAO）是从20世纪50年代发展起来的：一种适用于处理高浓度、有毒、有害、生物难降解废水的高级氧化技术，是指在高温（150~350℃）和高压（0.5~20MPa）条件下，在液相中，以空气或纯氧为氧化剂，氧化水中呈溶解态或悬浮态的有机物或还原态的无机物的一种处理方法，最终产物为二氧化碳和水。

（二）作用过程

湿式氧化去除有机物所发生的氧化反应主要属于自由基反应，共经历诱导期、增殖期、退化期以及结束期四个阶段。

诱导期：

$$RH + O_2 \rightarrow R\cdot + HOO\cdot \quad (2\text{-}10)$$

$$2RH + O_2 \rightarrow 2R\cdot + H_2O_2 \quad (2\text{-}11)$$

增殖期：

$$R\cdot + O_2 \rightarrow ROO\cdot \quad (2\text{-}12)$$

$$ROO\cdot + RH \rightarrow ROOH + R\cdot \quad (2\text{-}13)$$

退化期：

$$ROOH \rightarrow RO\cdot + HO\cdot \quad (2\text{-}14)$$

$$ROOH \rightarrow R\cdot + RO + H_2O \quad (2\text{-}15)$$

结束期：

$$R\cdot + R\cdot \rightarrow R - R \quad (2\text{-}16)$$

$$ROO\cdot + R\cdot \rightarrow ROOR \quad (2\text{-}17)$$

$$ROO\cdot + ROO\cdot \rightarrow ROH + R_1COR_2 + O_2 \quad (2\text{-}18)$$

以上链式反应所产生的羟基自由基，大大加速了与废水中有机物的反应。对于许多有机物，反应级数基本属于一级反应。反应速率主要取决于废水中有机物的组成、压力、温度以及其他反应条件。

作用过程为：首先氧气从气相主体向气、液相界面扩散，并在气液界面处迅速达到饱和；氧气再从气液界面向液相主体扩散，并达到污泥的表面；在液相污泥的表面，发生化学氧化反应，产生挥发性脂肪酸、氨基酸、CO_2、H_2O等物质；挥发性脂肪酸、氨基酸、CO_2等物质扩散进入气液混合物主体。

（三）影响因素

温度不同，处理的效果不同（顾军等，1998）。淀粉在任何温度下都可以迅速降解；在150~175℃，低压下糖类都水解成单体，使得湿式氧化后糖类物质在污泥中的含量较少；脂类在200℃以下较难降解，当温度高于200℃时，脂类物质迅速降解；蛋白质和纤维素低于200℃部分降解，高于200℃时它们的降解速度比淀粉和脂类都快。当反应温度太高，会产生对厌氧反应的抑制因子，如甲醛；当反应温度太低，挥发性固体去除较少，使最终处置的剩余固体增多。

此外，停留时间和氧气压力对污泥的处理效果也有一定的影响。

（四）处理特性

（1）湿式氧化处理污泥可以将许多难以生物降解的有机物转化成易于生物降解的物质，使之在后续的消化中被降解掉。

（2）湿式氧化能使污泥中的蛋白质、脂肪等大分子有机物分解成小分子，改变污泥的成分和结构，提高污泥的生物降解性，同时也可以大大改善污泥的脱水性能。污泥脱水后的上清液易于进行生物处理，达到污泥减量化、稳定化的目的。

（3）湿式氧化法相比于其他污泥处理技术，最大的优点是污泥经过湿式氧化处理后，可以达到减量化、稳定化和无害化。

（4）二次污染少。WAO产生的气相产物主要是反应后的N2、H_2O、CO_2、O_2及少量挥发性有机物和CO，不会产生NO_x和SO_x。通常不需要复杂的尾气净化系统，对大气造成的污染最少。其液相产物主要是水、灰分和低相对分子质量有机物，其毒性也比原样中低很多。

（5）氧化反应速度快，装置小。WAO反应速度视有机物的种类、浓度及操作条件而定。大多数WAO反应在30~60min完成。

但湿式氧化也存在一些缺点：首先，湿式氧化要求在高温高压下进行，设备的投资费用非常高，同时高温高压体系也存在一定的安全隐患。湿式氧化运行的一个大问题是：湿式氧化过程中产生了大量的有机酸，这些有机酸在高温高压的调节下加速了设备腐蚀（王雅婷，2011），目前，很多湿式氧化的设备都存在腐蚀严重的问题。

三、超临界水氧化技术

超临界水氧化（SupercriticalWaterOxidation，SCWO）是近二十年发展起来的一种清洁、无污染、对环境友好的有机废物处理技术。通过SCWO处理的有机污染物最终排放物是

H_2O、CO_2、N_2 和盐类等无机小分子化合物，没有二次污染。

城市污泥作为城市废水处理的产物，除富含脂肪、蛋白质、纤维素和糖类等有机物外，还含有多种有毒有害的有机污染物和重金属离子。由于其成分复杂，目前的处理方法或多或少地存在二次污染。

（一）处理原理

超临界水是指可压缩、密度接近于液体、黏度与气体接近、扩散系数大约是液体的 100 倍的水。超临界水既有液体的溶解性，又有气体的传递性。

SCWO 的基本原理主要是利用超临界水作为反应介质来氧化分解有机物，所用的氧化剂有 H_2O_2、$KMnO_4$、$KMnO^{4+}O_2$、O_2，由空气及电极电解水来提供氧气。在 SCWO 过程中，由于超临界水对有机物和氧气都是极好的溶剂，且一般反应所提供的氧量都是充足的，因而反应在富氧的均相中进行，传质、传热不会因为相界面的存在而受到限制。同时，反应温度高（建议采用的温度为 400~650℃）也可加快反应速率，甚至可以在几秒钟之内对有机物达到极高的破坏率，使 SCWO 的反应完全彻底。

（二）处理过程

超临界水氧化反应是基于自由基反应机制。该理论认为$\cdot HO_2$是反应过程中重要的自由基，在没有引发物的情况下，自由基由氧气供给最弱的 C—H 产生，有机自由基与氧气生成过氧自由基，进一步反应生成的过氧化物相当不稳定，有机物则进一步断裂生成甲酸或乙酸。

在超临界水中，大分子有机污染物首先断裂为比较小的小分子，其中含有一个碳的有机物经自由基氧化过程一般生成 CO 中间产物，在超临界水中 CO 被氧化为 CO_2，其途径主要为：

$$2CO + O_2 \rightarrow 2CO_2 \qquad (2\text{-}19)$$

$$CO + H_2O \rightarrow H_2 + CO_2 \qquad (2\text{-}20)$$

在温度小于 430℃时，反应式（2-20）起主要作用，产生的大量的氢经氧化后成为 H_2O。$NH^{3\text{-}}N$、$NO^{2\text{-}}N$、$NO^{3\text{-}}N$、有机氮等各种形态的 N 在适当的超临界水中可转化为 N_2 或 N_2O，而不生成 NO_x，其中 N_2O 可通过加入催化剂或提高反应温度使之进一步去除而生成 N_2，其反应途径如下：

$$4NH_3+3O_2 \rightarrow 2N_2+6H_2O \tag{2-21}$$

$$4NO_3^- \rightarrow 2N_2+2H_2O+5O_2 \tag{2-22}$$

$$4NO_2^- \rightarrow 2N_2+2H_2O+3O_2 \tag{2-23}$$

S2- 等各种形态的 S 在超临界水中则直接被氧化为 SO2-4。

（三）影响因素

1. 温度

温度对有机污染物的降解率有着较显著的影响，在其他条件不变的情况下，随着温度的增加，有机污染物的降解率也相应增加。

2. 反应时间

反应时间对有机污染物的去除率有很显著的影响，在一定条件下，有机污染物在超临界水中的氧化降解率随反应时间的增加而上升。在反应的初始阶段，随着时间的增加，有机污染物的氧化降解率迅速上升，随着反应时间的延长，反应时间对有机污染物降解率的影响会减小。

3. 压力

压力对有机污染物氧化降解的影响主要是在恒温条件下，随着压力的升高，超临界水的密度增加，从而增加了有机物和氧的浓度，使反应速率加快。因此，提高压力有利于有机物的氧化降解率的提高。但提高压力，对降解率的影响并不显著，且随着压力的升高，对材料和设备的性能的要求，也会大大提高。所以，在工业中，压力不宜过高。

4. 氧化剂用量

当氧化剂达到一定量时，污泥的降解将会迅速提高，但是超过此量时，降解率的提高会变得缓慢甚至趋于平缓。因此，当氧化剂过量至一定程度时，再增加氧化剂的量对有机物转化率的提高作用就很小了，但这时却增加了压缩机或高压泵的能耗，而且也增加了氧化剂的消耗。所以，选择合适的氧化剂量对工业应用是很重要的。

5. 催化剂

SCWO 的反应条件苛刻（400~650℃，25~35MPa），对金属有较强的腐蚀性，对设备的材质要求较高。另外，对某些化学性质稳定的化合物，所需要的反应时间较长。为了加快反应速率、缩减反应时间、降低反应温度、优化反应网络，使 SCWO 能充分地发挥出自身的优势，可以在 SCWO 反应中，加入催化剂。

（四）处理特点

1. 超临界水氧化技术的优点

（1）反应速度快。SCWO 使有机废料和氧气在均相中反应，反应时间一般为几秒至十几分钟。

（2）氧化效率高。在 SCWO 环境中，各种反应物处于均一相中，没有传质阻力，有机物的去除率一般在 99% 以上。

（3）能源消耗少。只要污泥中有机质量分数大于 2%，就可依靠反应过程中自身产生的热量，来维持反应所需的温度，不需要外界补充热量。

（4）无二次污染。超临界水中的有机组分在正常反应条件下，能被氧化成 H_2O、CO_2、N_2 和盐类等无机小分子化合物，产物清洁，排放物无污染。

（5）产物分离容易。盐类和无机组分在超临界水中溶解度低，容易以固体的形式被分离出去。

2. 超临界水氧化技术的不足

SCWO 技术优点显著，但也有不足之处亟待解决：

（1）腐蚀。SCWO 反应都是在高温高压条件下进行的，当用其处理的有机废物中含有卤素、硫或磷时，在反应过程中就会产生酸，对设备腐蚀严重。因此，对用于制造 SCWO 反应设备的材料，既要耐高温、高压，还要有良好的耐腐蚀性能，从而导致了设备生产成本很高。

（2）盐累积。超临界水氧化过程中，会有无机盐生成。通常在室温下水能很好地溶解盐，而在低密度的超临界水中盐的溶解度却很低。因此，在反应过程中会有盐沉淀，轻者会降低换热量、增加系统压力，重者会堵塞管路。

（3）反应速率的控制。超临界水氧化环境中的物料流的浓度、成分、密度、pH 值等直接决定整个氧化反应的速率，尤其是反应介质的 pH，还可以作为预计反应进行程度的重要参数。因此，掌握这些相关的数据是非常重要的，但由于整个 SCWO 反应处在高温高压的苛刻条件下，实施对物料流的浓度、成分、密度、pH 值的检测及实时快速控制将会非常困难。

（4）催化剂。在超临界水氧化中引入催化剂可以提高有机化合物的转化率，缩短反应时间，降低反应温度，优化反应途径。但目前使用的催化剂，大多数是湿式空气氧化法应用的催化剂，催化剂存在寿命短、容易中毒等问题。

第三章　基于铝基胶凝固化驱水剂的污泥固化/稳定化技术

第一节　铝基胶凝固化驱水剂的研发与应用

固化/稳定化（S/S）是最常用的污泥预处理方法之一，通过向脱水污泥中添加固化材料可进一步降低含水率，改善其力学性能，加速稳定化进程，为污泥卫生填埋等的安全作业提供重要保证。目前，固化驱水剂的种类繁多，如氯氧镁水泥、膨润土、粉煤灰、石灰和飞灰等，但其通常添加量巨大（> 20wt.%），固化增容明显，这不仅会增加污泥无害化处理费用，而且也占据填埋库容，降低库容有效利用率。

基于此，本章节在 Fe（II）/$S_2O_8^{2-}$ 氧化衍生耦合强化脱水技术的研发和应用基础之上，以脱水污泥为研究对象，继续在“新型、高效、低剂量污泥固化/稳定化深度驱水剂的研发和应用”领域开展了系统研究，以期有效缓解“传统固化剂驱水效果不佳、投加量大”等技术困境，为脱水污泥的固化/稳定化和卫生填埋末端处置提供工程技术支撑。

一、常规固化驱水剂的筛选与应用

（一）固化驱水剂对污泥含水率的影响

将市场级高岭土、钛白粉、灰钙粉、硅灰石粉、玄德粉、Mg 系固化剂、铝酸三钙（C3A）和 CaO 等通过单一或复配（重量比为 1 ∶ 1）方式进行污泥固化驱水试验，以比较几种常规添加剂的固化驱水效率。不同固化驱水剂的添加量均为污泥湿重的 5wt.%，制成 50mm × 50mm × 40mm 的固化块，于室温条件下自然晾晒养护，固化污泥含水率与固化时间、温度和湿度的关系，如图 3-1 所示。由图可以看出，不同固化驱水剂对污泥含水率变化的影响具有较为明显的差异，其中以硅灰石粉和高岭土的脱水效率最为显著，在自然养护的第 3 天，固化污泥含水率均可降至 60wt.% 以下；而 Mg 系固化剂等此时的脱水效果并不明显，仅当养护至第 4 天时，固化污泥含水率才可降至 60wt.% 左右。

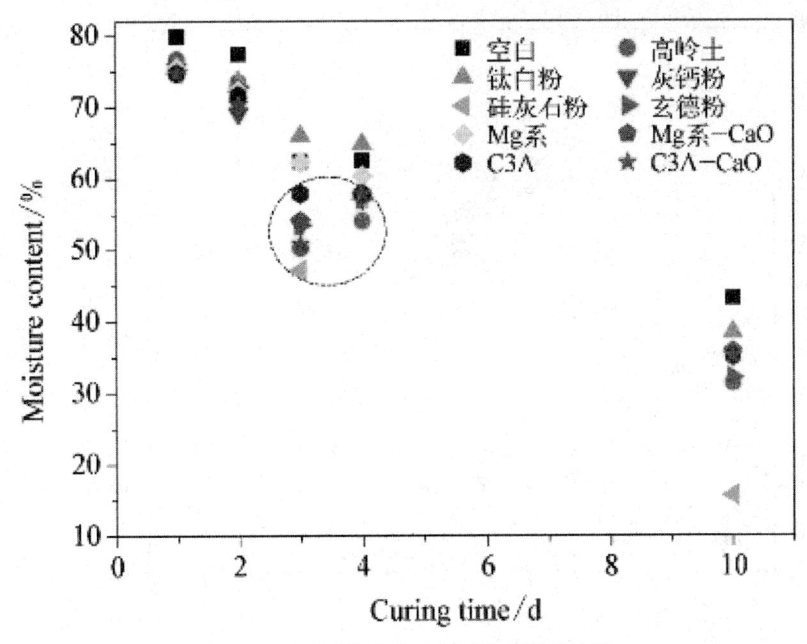

图 3-1　固化污泥含水率随时间的变化

另外，分别以 Mg 系、C3A、化学纯 CaO 为固化驱水剂，以 $Al_2(SO_4)$ 为促凝剂，进行污泥固化驱水试验（复配方式：Mg 系和 C3A 与 CaO 混合比例均为 1 ：1，促凝剂 $Al_2(SO_4)$ 掺加量为驱水剂的 5wt.%~10wt.%），单一或复合固化驱水剂添加量均为污泥湿重的 5wt.%，固化污泥摊铺厚度 2~3cm，每天上午（10：00）和下午（15：00）分别手动翻抛 1 次，每天记录污泥含水率、温度和湿度等参数，试验结果如图 3-2 所示。

由图 3-2 可以看出，在翻抛晾晒养护条件下，C3A – CaO 的早期驱水效果最好，在翻抛养护 1 天后，固化污泥的含水率即可骤降至 60wt.% 左右。C3A 在 CaO 的碱性激发作用下快速水化，形成水化产物（$3CaO{\cdot}Al_2O_3{\cdot}Ca(OH)_2{\cdot}nH_2O$），消耗了污泥中的部分水分；同时，C3A – CaO 在水化反应过程中亦会释放大量的热量，这也提高了污泥内部水分的蒸发速度，加快了水分的减少；另外，由试验结果亦可看出，其他固化污泥的含水率也均在养护 2 天后，下降至 60wt.% 以下。

由上述分析可知，与自然晾晒养护相比，翻抛养护在污泥的固化驱水过程中起到了至关重要的作用，其可以有效地加快固化污泥中自由水分的渗出和蒸发，为污泥的脱水和力学性能的提升均提供了有利的条件。

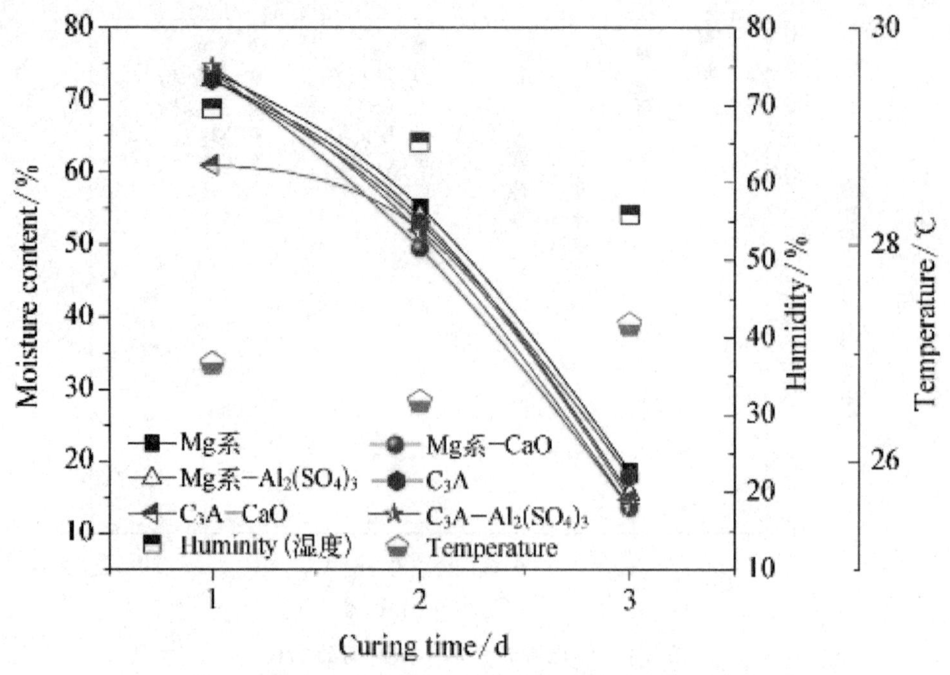

图 3-2 翻抛条件下固化污泥脱水效果随时间的变化

（二）固化驱水剂对污泥重金属含量的影响

不同固化驱水剂对污泥重金属的影响，如图 3-3（a）所示。其中，高岭土和硅灰石粉的添加导致污泥中重金属含量大幅度增加，部分重金属含量甚至增加数十倍，因此，其不适合作为污泥固化驱水剂选材，这主要与其自身重金属含量较高有关；而 AC3 − CaO 因其自身含有较少的重金属污染物，故其对污泥重金属的贡献并不显著。不同固化驱水剂对污泥焚烧底灰重金属影响，如图 3-3（b）所示，高岭土固化污泥焚烧底灰的 Zn 含量高达 56.10mg/g 底灰，而其他固化剂对污泥焚烧底灰的重金属影响相对较弱。

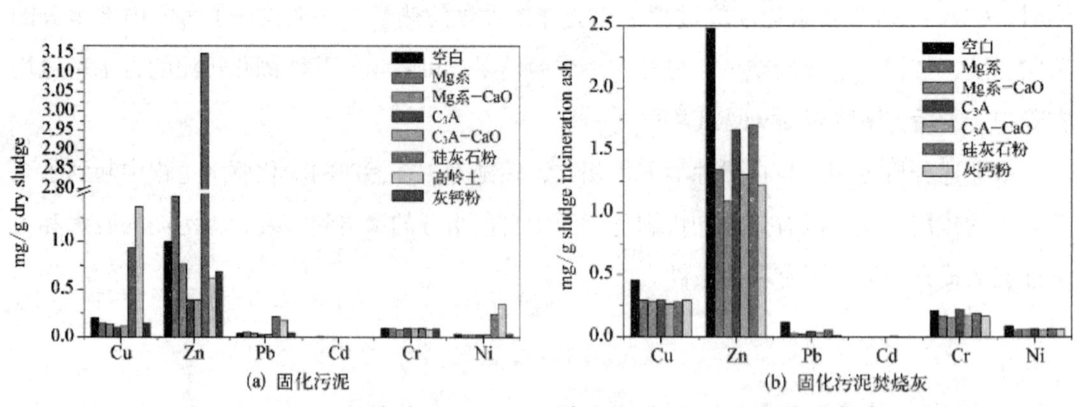

图 3-3 固化污泥（a）和固化污泥焚烧灰（b）的重金属分布情况

二、铝基胶凝固化驱水剂的水热合成－低温焙烧

（一）水热合成－低温焙烧工艺

铝基胶凝固化驱水剂（煅烧铝酸盐，calcinedaluminiumsalts，简称 AS）的水热合成—低温焙烧工艺流程如下：首先，将化学纯 Al（OH）$_3$ 和 $CaCO_3$ 置于 950℃~1 000℃的 $SX_{2-10-12}$ 型马弗炉中高温煅烧 2.5h，煅烧结束后立刻取出于室温下骤冷，获得高活性 Al_2O_3 和 CaO，并磨细过筛（＜ 80μm）；然后，将活性 Al_2O_3 和 CaO 以摩尔比 7 ： 12 复配，与蒸馏水按液固比 1 ： 1（mL/g）均质混合后，于实验室规模水热合成装置中沸煮 1~2h，冷却后于 65℃烘箱烘至恒重，得到铝基水热合成产物，磨碎并与少量化学纯 CaF_2（水热合成产物的 4wt.%）混合均匀，继续于 1 180℃~1 200℃煅烧 2h，加热结束后，待其自然冷却至室温，所形成的熟料磨细过筛（＜ 80μm）后备用。其中，CaF2 作为矿化剂用于降低铝基胶凝固化驱水剂的烧制温度，提高其合成速度，水热合成工艺如图 3-4 所示。

（二）污泥固化试样制备

脱水污泥（DSs）基本特性详见第 3 章。污泥固化方案如表 3-1，固化驱水剂投加量为污泥湿重的 5wt.%，并按固化步骤制备。试样硬化成型后，24h 脱模，于室温条件下自然养护，并测定 3d、7d、14d 和 28d 的抗压强度（UCS）。

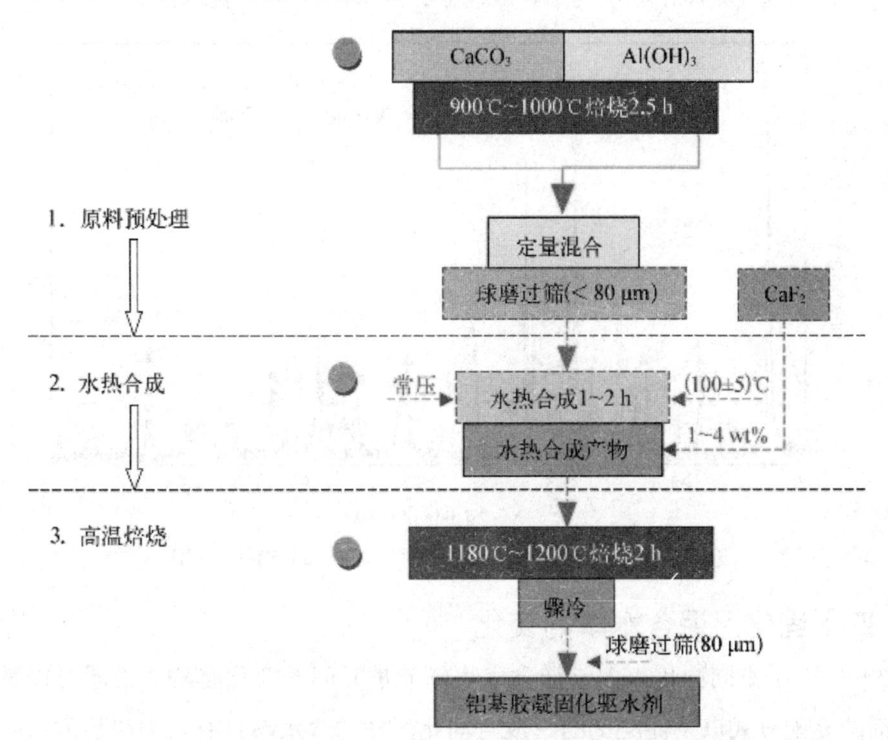

图 3-4 铝基胶凝固化驱水剂水热合成—低温焙烧工艺

表 3-1 污泥固化试验方案

试样编号	投加比例 /wt.%	固化驱水剂	
		主成分	促凝剂
A0	—	—	—
AS0	5/100	AS	10% $CaSO_4$
ASC1	5/100	AS—CaO（1:1）	4.08% $CaCl_2$+8.16% Na_2SO_4
ASC2	5/100	AS—CaO（1:1）	5.22% $CaCl_2$+10.44% Na_2SO_4
ASC3	5/100	AS—CaO（1:1）	5% $CaSO_4$
ASC4	5/100	AS—CaO（1:1）	10% $CaSO_4$

注：A0 为空白对照组的原生污泥。

（三）铝基胶凝固化剂矿物组成分析

图 3-5 给出了 1 180℃~1 200℃焙烧获得的铝基胶凝固化驱水剂（AS）的 XRD 谱图，由图可知，在 1 180℃下，$12CaO·7Al_2O_3$（mayentie）和 $11CaO·7Al_2O_3·CaF_2$ 大量结晶和形成。$12CaO·7Al_2O_3$ 为高铝水泥熟料的主要成分，具有较强的火山灰活性、早强性和快硬性。此外，在该固化驱水剂中还检出少量 $Ca(OH)_2$ 和未反应完全的活性 CaO 等，而普通硅酸盐水泥和硫铝酸盐水泥中，常见的矿物结晶相如 C_3A 和 C_4A_3S 等均未被检出。基于低温水热合成工艺，铝基胶凝固化驱水剂的合成途径，可由式（3-1）表示：

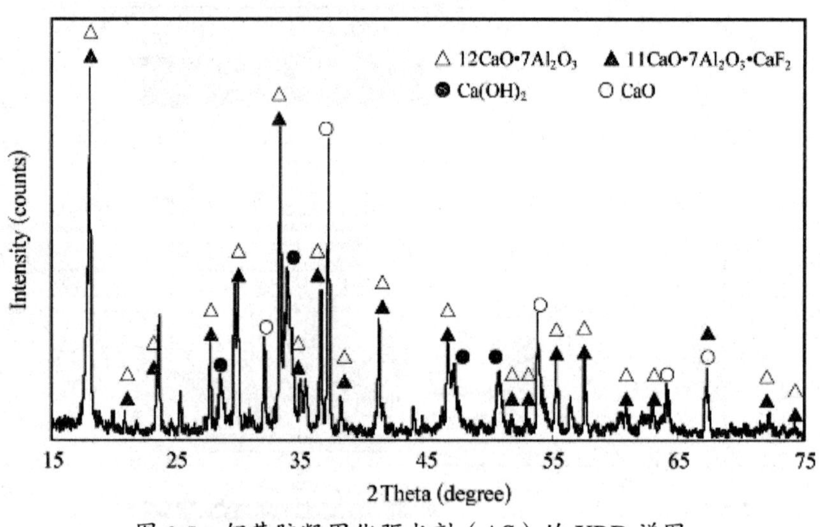

图 3-5 铝基胶凝固化驱水剂（AS）的 XRD 谱图

（四）固化污泥含水率的变化

图 3-6 反映了不同固化污泥试样含水率随养护时间的变化趋势。由图可以看出，固化驱水剂的复配方式以及促凝剂的组成对固化试样的含水率具有较为明显的影响。原生

污泥（A0）脱水性能极差，养护20d后，含水率才能降至50~60wt.%。而以AS为主成分、10wt.%$CaSO_4$为促凝剂时（AS0），污泥试样含水率下降迅速，仅在第5天即可下降至60%左右，满足《城镇污水处理厂污泥处置—混合填埋泥质》（CJ/T249—2007）含水率指标要求。相比而言，复掺部分CaO会明显削弱AS的驱水效率，如试样ASC1和ASC2，含水率降至50~60wt.%所需的养护时间高达10~17d，而ASC3和ASC4所需的养护时间亦在10~14d之间。

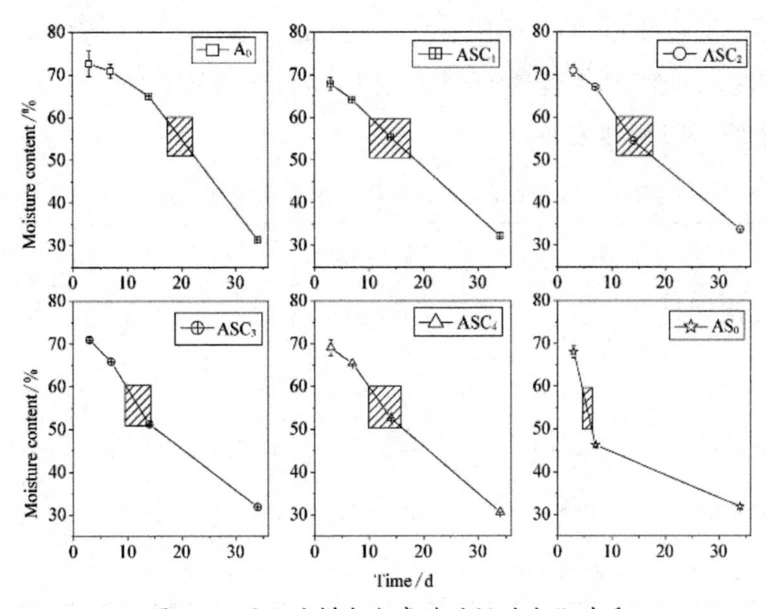

图3-6 固化试样含水率随时间的变化关系

（五）固化污泥UCS的变化

UCS是反映固化污泥水化反应速率快慢的重要指标，不同固化试样的UCS值，如表3-2所示。与含水率变化趋势相似，以AS为主成分、10wt.%$CaSO_4$为促凝剂时（AS0），固化试样强度最佳，经过7d的固化/稳定化后，UCS可达到（51.32 ± 2.9）kPa，满足污泥卫生填埋的强度要求（≤ 50kPa）。固化体的强度获得与AS水化作用密切相关，AS具有优越的自硬性和反应活性，与水接触后会迅速发生水化，生成大量胶凝水化产物，将污泥颗粒包裹凝聚，形成致密坚硬的胶结固化体，促进强度发展。而以AS－CaO为固化驱水剂主成分的固化试样，在相同养护期龄下的UCS均低于（2.81 ± 0.06）kPa。CaO火山灰活性较低，大量掺入会导致自由CaO（f－CaO）含量过高，影响固化驱水剂的反应活性和早强性，降低污泥水分蒸发和消耗速率，导致其脱水和强度发展严重迟缓。

固化污泥强度除受驱水剂主成分影响外，亦会因促凝剂的种类不同而有所差异。$CaSO_4$和当量$CaSO_4$（$CaCl^{2+}Na_2SO_4 \rightarrow CaSO_4 + 2NaCl$））对强度发展的影响如表3-2所示，以AS－CaO为固化驱水主成分、5wt.%$CaSO_4$为促凝剂时，试样ASC3的28dUCS约为（62.97±0.99）kPa，而以当量 $CaSO_4$（4.08wt.%$CaCl_2$ + 8.16wt.%Na_2SO_4）为促凝剂时，试样 ASC1 的 UCS 仅为 18.87±4.82kPa。试样 ASC4 和 ASC2 亦获得相似的试验结果，前者以 10wt.%$CaSO_4$ 为促凝剂，28dUCS 约为（51.95±8.70）kPa，而后者以 5.22wt.%$CaCl_2$ + 10.44wt.%Na_2SO_4 为促凝剂，UCS 仅为（12.82±1.06）kPa。上述分析揭示，$CaSO_4$ 和 $CaCl_2-Na_2SO_4$ 促凝剂均能有限提高污泥抗压强度，当量掺加条件下，$CaSO_4$ 增强效果更为明显。$CaSO_4$ 的掺入提高空隙溶液中 Ca^{2+} 浓度，促进含钙水化产物的结晶与沉淀（即 $CaAl_2Si_2O_8·4H_2O$ 和 $CaCO_3$，见图 3-7）；而 $CaCl^{2}-Na_2SO_4$ 促凝剂的使用在提高液相 Ca^{2+} 浓度的同时，亦会引入大量对水化反应极为不利的有害元素 Na^+ 和 Cl^-，破坏胶凝水化产物胶结界面，削弱强度发展。

表 3-2　不同固化样品的无侧限抗压强度（kPa）

养护时间/d	UCS/kPa					
	A0	AS0	ASC1	ASC2	ASC3	ASC4
3	0.24±0.02	2.96±0.13	0.62±0.02	0.54±0.06	2.31±0.03	1.92±0.18
7	0.67±0.09	51.32±2.9	0.89±0.15	0.65±0.07	2.81±0.06	2.28±0.25
14	2.14±0.31	111.39±7.4	4.09±0.57	2.90±0.85	15.52±0.24	12.33±0.58
28	7.14±4.17	146.42±12.73	18.87±4.82	12.82±1.06	62.97±0.99	51.95±8.70

（六）X 射线粉末衍射分析（XRD）

选择 3 种典型的污泥固化试样 ASC1、ASC3 和 AS0 进行 XRD 分析。由图 3-7（a）可知，（AS0）对污泥起增强效应的是斜方钙沸石（gismondine，$CaAl_2Si_2O_8·4H_2O$，简称 C — A — S — H）和 $CaCO_3$。$CaAl_2Si_2O_8·4H_2O$ 是一种富含 SiO_2 的晶体水化产物，具有较强的凝结和绑定性能，可以胶结禁锢污泥颗粒，提高固化体内聚力，降低孔隙度，提高早期强度。$CaAl_2Si_2O_8·4H_2O$ 的形成来源于活性 CaO 的强碱激发作用，AS 中残余的活性 CaO（图 3-5）在液相环境中通过吸水诱发的 $Ca(OH)_2$ 碱性环境，可以侵蚀和破坏高硅污泥网状结构，加速活性 SiO_2 的溶出，SiO_2 最终在 $12CaO·_7Al_2O_3$ 的促发下以 $CaAl_2Si_2O_8·4H_2O$ 的形式结晶沉淀。但值得注意的是，在本研究中，AFt、AFm 和高岭石（Ca_3Al_2（SiO4）$_3$ — x（OH）4x）等具有强凝结和增强效能的常规物相并未被检出，可能与污泥复杂的化学组成（表 3-1）和 $CaAl_2Si_2O_8·4H_2O$ 的优势生长对 C-S-H 等正常水化的阻截有关。

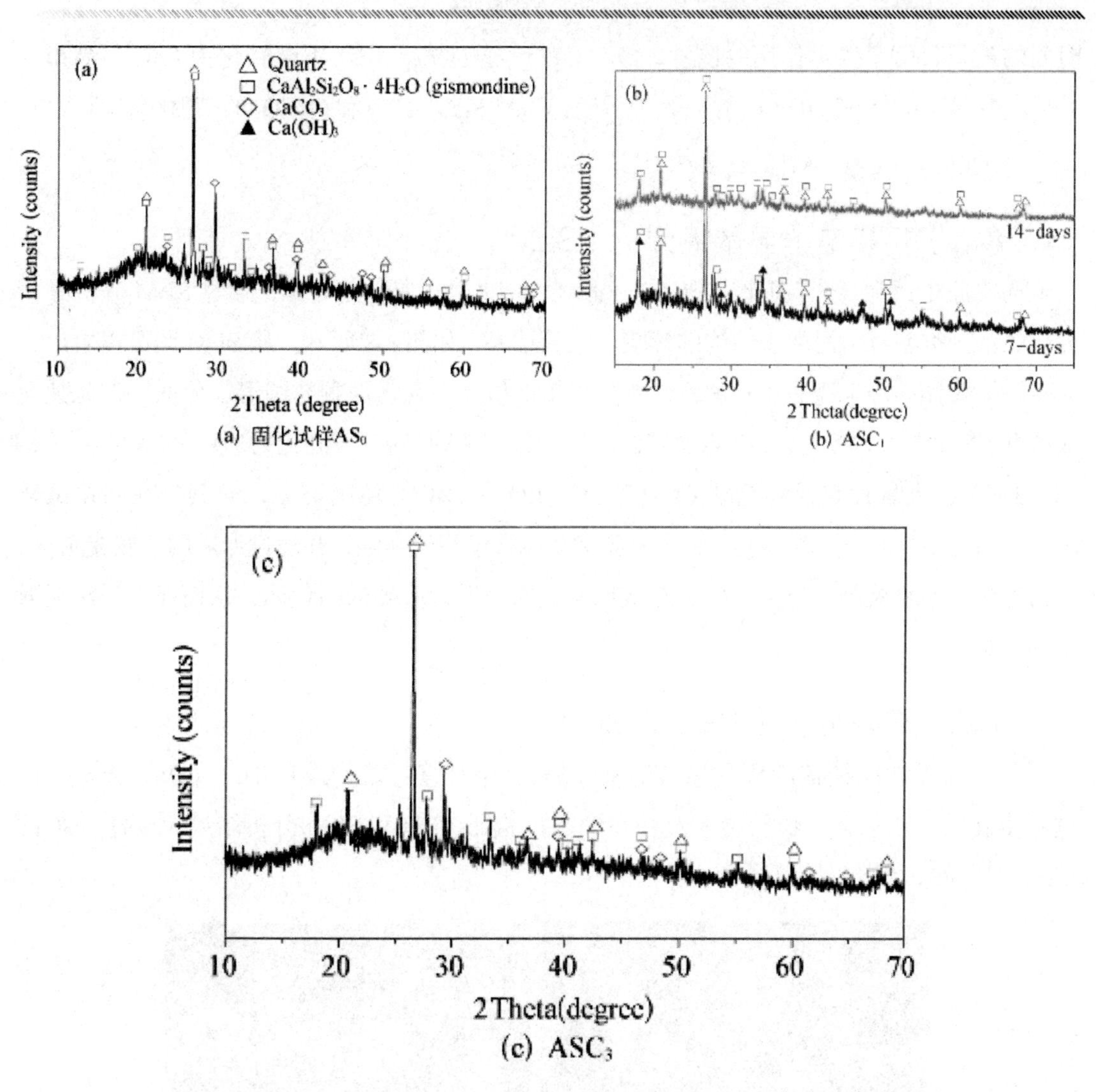

(a) 固化试样AS_0

(b) ASC_1

(c) ASC_3

图 3-7 固化试样 AS0（a）、ASC1（b）和 ASC3（c）的 XRD 谱图

衍射峰强度可以用来反映特定水化产物的含量。可以看出，固化驱水剂组成不同，固化试样 XRD 谱图亦明显不同（图 3-7）。AS0 的 $CaAl_2Si_2O_8 \cdot 4H_2O$ 衍射峰最强，其次为 ASC3，ASC1 最弱。$CaCO_3$ 衍射峰亦在 AS0 中表现最强，但在 ASC3 和 ASC1 中缺失。这一发现证实，AS 在少量促凝剂 $CaSO_4$ 的存在下，可以有效抗拒污泥有机物对水化反应的毒害和干扰，促进水化产物的正常结晶，与污泥强度变化趋势一致。

同时，为阐明固化/稳定化过程中，主要结晶相的形成与转化机理，对不同养护期龄的固化试样进行 XRD 分析。以固化试样 ASC1 为例（图 3-7b），可以看出，$CaAl_2Si_2O_8 \cdot 4H_2O$ 形成速度较快，养护 7d 后即可检出，此时，也有少量 Ca（OH）$_2$ 出现。但随着固化/稳定化时间的推移，Ca（OH）$_2$ 的衍射峰强度逐渐减弱，而 $CaAl_2Si_2O_8 \cdot 4H_2O$ 和 $CaCO_3$ 出现轻微的增加。水化产物 $CaAl_2Si_2O_8 \cdot 4H_2O$ 和 Ca（OH）2 具有较高的热动态稳定性，在 CaO 存在和火山灰反应的激发作用下，可在固化初期快速沉淀。而随着养护时间的延长，由于碳化作用的诱发，Ca（OH）$_2$ 通过式（3-2）不断转化为 $CaCO_3$ 晶相，并伴生少量 $CaAl_2Si_2O_8{\cdot}4H_2O$，故而氧护后期，$CaAl_2Si_2O_8{\cdot}4H_2O$ 和 $CaCO_3$ 的衍射峰有所增强。

$$C_a(OH)_2 + CO_2 \rightarrow C_aCO_3 + H_2O \qquad (3\text{-}2)$$

（七）扫描电子显微镜分析（SEM）

选取原生污泥 A0、固化试样 ASC1、ASC3 和 AS0 为研究对象，通过 SEM 分析考察固化驱水剂类型对污泥微观结构的影响，试验结果，如图 3-8 所示。从 SEM 图可以看出，原生污泥（图 3-8a）经 28d 养护后，空隙率依旧极高，且污泥颗粒圆滑、分散，彼此独立成团，团聚和内聚力极差，故而施加较低的机械作用力即可破坏。固化处理后（图 3-8（b）、（c）和（d）），大量针状或蜂窝状 $CaAl_2Si_2O_8{\cdot}4H_2O$ 和 $CaCO_3$ 清晰可见，尤其是在固化试样 AS0 内部（图 3-8（d））。这些晶体彼此交叉填充于污泥间隙，并通过形成网状胶凝结构，将污泥颗粒包裹胶结，连为一体，形成结构致密、质地坚硬的固化体，从而促进了污泥强度的提高。

（八）热重分析（TG － DSC）

选择强度性能最佳的固化试样 AS0（28d）为研究对象，进行 TG — DSC 分析，以进一步确定特定水化产物的物相及存在形态，验证 XRD 和 SEM 分析结果。试样 AS0 的 DTG — DSC 曲线如图 3-9 所示。

(a) 原生污泥A_0　(b) 固化试样ASC_1　(c) ASC_3　(d) AS_0

图 3-8　原生污泥 A0（a）、固化试样 ASC1（b）、ASC3（c）和（d）AS0 的 SEM 图

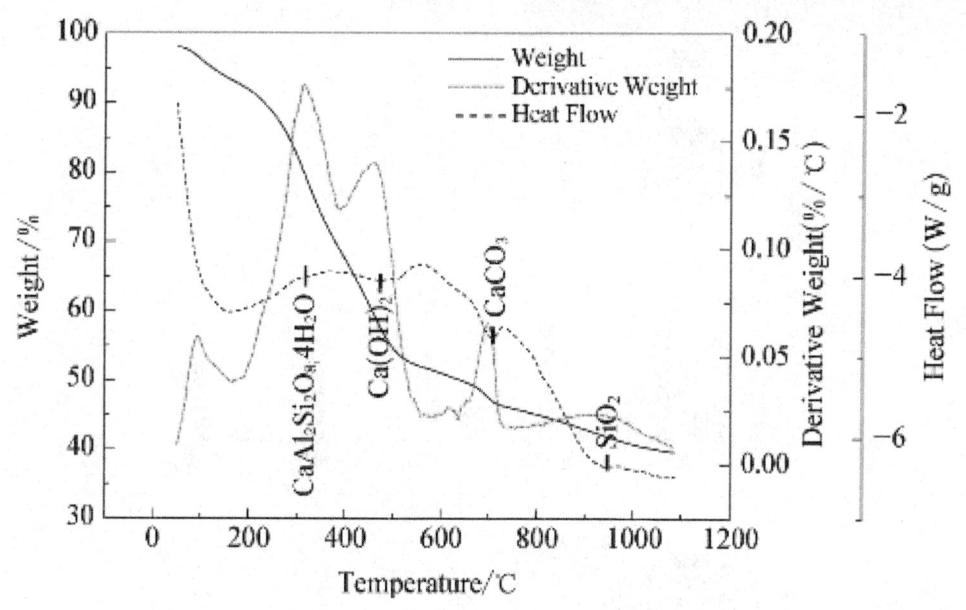

图 3-9　AS 固化试样 AS0 的 TG — DSC 曲线（28d）

从 TG — DSC 曲线可以看出，在 100℃左右出现较宽的失重峰，这可能与污泥自由水和结合水的蒸发有关；在 300℃处出现了较明显的失重信号，证实了 $CaAl_2Si_2O_8 \cdot 4H_2O$ 晶体相的存在；随着热解温度的持续升高，在 450℃出现了 $Ca(OH)_2$ 失重峰；此外，在 720℃左右，由 $CaCO_3$ 高温分解引起的失重峰亦清晰可见，除 $CaCO_3$ 分解反应外，该失重峰的出现还与污泥中难挥发性有机物和其他无机矿物的高温热分解有关。上述发现与 XRD 和 SEM 分析结论基本吻合。此外，在 950℃处亦出现了微弱的吸热峰，暗示了 SiO_2 由无水结晶态（anhydrouscrystalline）向 β — SiO_2 和方石英（cristobalite）的晶体转变。

（九）污染物浸出行为评估

1. 重金属

为考察重金属的最大浸出潜能，确保产品的环境安全性，分别采用美国 EPA 的毒性浸出程序（USEPATestMethod1311 — TCLP）和国标《固体废物浸出毒性浸出方法—水平振荡法》（HJ557—2009）对固化污泥试样的重金属（Zn、Pb、Cd、Ni、Cr 和 Cu）浸出毒性进行系统评估。

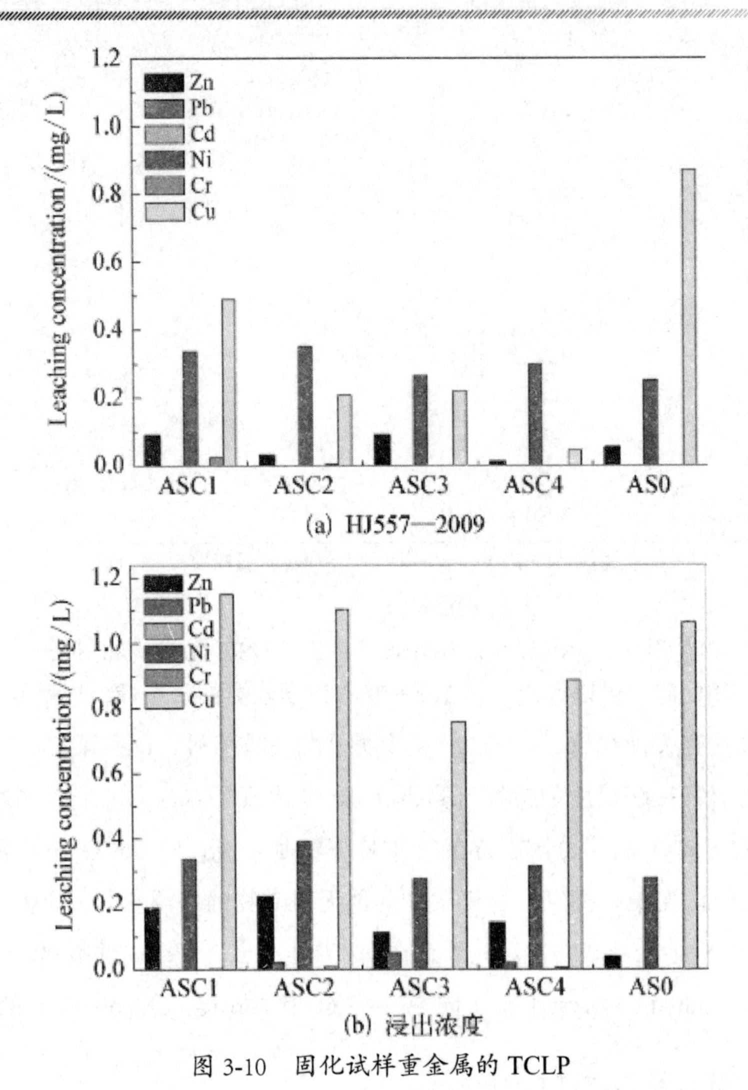

图 3-10 固化试样重金属的 TCLP

分析结果如图 3-10 所示，总体而言，试样 ASC1 和 ASC2 的重金属浸出毒性相对偏高，其次为 ASC3 和 ASC4，AS0 最小。不同重金属的浸出潜能明显不同，Cu 最易浸出（TCLP：0.05~0.87mg/L；HJ557—2009：0.76~1.15mg/L），其次为 Ni，浸出浓度约 0.30mg/L 左右；而 Cd 和 Cr 的浸出浓度极低，其中 Cd≈0mg/L，Cr 低于 0.023mg/L。同时，重金属的浸出行为亦因浸出方法的不同而有所差异，如 Cu 和 Pb 在 HJ557—2009 条件下更易浸出，而在 TCLP 试验中（浸提液 pH4.93）浸出浓度明显降低，这可能与固化试样内界面较高的 pH（8.83~9.39）有关。Pb 为两性金属，在强碱环境中溶解度很高，因而更易释放。由上述分析可以看出，尽管不同污泥试样的浸出毒性有所差异，但重金属毒性浸出浓度均远低于《危险废物鉴别标准—浸出毒性鉴别》（GB5085.3—2007）规定的阈值（Zn：100mg/L；Pb：5mg/L；Cd：1mg/L；Ni：5mg/L；Cr：15mg/L；Cu：100mg/L），因此，不具有环境危害性，可进行卫生填埋安全处置。

重金属的封闭与固定可能与重金属对水化产物晶相内母离子（Ca_2+ 等）的同晶置换有关，重金属 Zn 等通过取代水化产物的 Ca 等位点，被镶嵌禁锢于结晶体网络结构内，实现自封与固定，阻止其向环境的迁移和扩散。此外，重金属与特征有机复合物的络合或与多孔介质的物理绑定也有利于削减其环境危害性。

2.pH 和 NH^3－N

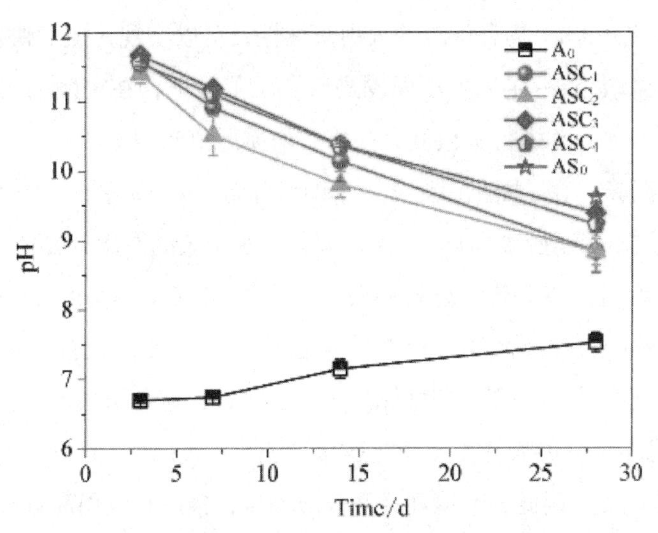

图 3-11　固化试样浸出液 pH 随养护时间的变化趋势

并对国标 HJ557—2009 试验的浸出液作进一步 pH 和 NH^3－N 测定。pH 分析结果如图 3-11 所示，对照组 A0 的 pH 较为稳定，在整个养护期内基本为中性或弱碱性。相比而言，固化试样在养护初期均具有较高的 pH，为 11.5~11.7，这可能与固化驱水剂的高钙特性有关。随着养护时间的推移，钙通过火山灰反应和碳化等途径被逐渐消耗，固化试样 pH 快速降低，并最终维持在 28d 的 8.8~9.6。铝基凝胶固化/稳定化预处理明显增加了污泥的初始 pH，但经短期氧化之后，pH 可快速降至《城镇污水处理厂污泥处置—混合填埋泥质》（CJ/T249—2007）规定的污泥卫生填埋安全阈值之内（5~10）；Mangialardi 等人也曾证实 pH5.9~9.5 为安全范围，不会对环境和人体健康构成潜在威胁。

不同固化试样浸出液中 NH^3－N 浓度随养护时间变化趋势，见表 3-3 所示。可以看出，固化/稳定化预处理可以大幅削减污泥 NH^3－N 的浸出浓度。而对照组 A0 浸出液的 NH^3－N 浓度高达 550~900mg/L，而固化试样的 NH^3－N 浓度仅为 10~40mg/L 左右。

表 3-3　固化试样浸出液 NH_3 — N 浓度随养护时间的变化趋势

养护时间 /d	NH_3-N 浓度 /mg/L					
	A0	ASC1	ASC2	ASC3	ASC4	AS0
3	736.12 ± 61.73	29.47 ± 4.44	47.92 ± 1.93	23.74 ± 4.06	36.44 ± 6.96	—

续表

养护时间 /d	NH$_3$-N 浓度 /mg/L					
	A0	ASC1	ASC2	ASC3	ASC4	AS0
7	901.25 ± 34.89	24.15 ± 2.32	21.28 ± 2.90	16.09 ± 2.51	31.93 ± 7.54	—
14	722.48 ± 47.79	16.09 ± 2.51	27.85 ± 2.51	20.59 ± 2.71	19.09 ± 2.13	—
28	558.43 ± 148.14	36.03 ± 0.97	48.74 ± 2.71	14.86 ± 2.71	12.67 ± 2.13	30.16 ± 2.99

（十）经济与效益简易分析

铝基胶凝固化剂（AS）具有优越的火山灰活性，可以实现污泥的快速驱水和固化/稳定化。该技术在上海老港污泥卫生填埋场进行了示范验证，在密闭的工作间内，将污泥（80wt.%）与5wt.%的AS进行机械混合搅拌，均质后由专用密闭运输车运至专设污泥养护区，经5~7d自然养护后，固化污泥含水率即可降至50wt.%左右，UCS大于50kPa，满足卫生填埋指标要求。铝基胶凝固化剂（AS）固化驱水工艺的费用分配情况，如表3-4所示。

由表3-4可以看出，该工艺的总处理费用仅为71CNY/t污泥（约USD ＄11），远低于干化焚烧（300~500CNY/t污泥）和厌氧消化等工艺。AS固化技术不仅可以实现污泥的安全可控填埋，亦能大幅提高填埋堆体的边坡稳定性，避免滑坡等次生灾害的发生。此外，与波特拉水泥和焚烧炉渣等传统固化驱水剂相比，AS还具有投加量少、增容小、硬化和凝结时间短等优点，因此，环境和经济效应明显，推广和应用前景广阔。

表3-4　铝基胶凝固化剂（AS）固化驱水工艺的费用分布

项目	费用 /（CNY/t 污泥）
铝基胶凝固化剂 /AS	50
工人工资福利	10
设备维修与折旧	11
总计	71

第二节　波特兰水泥复合型污泥固化驱水技术

普通硅酸盐水泥（又称波特兰水泥，Portlandcement，简称PC）因廉价易得而被广泛应用于危险废物的固化/稳定化（S/S）。然而，PC通常更适用于无机废物的处理，而对于高有机质废物，如剩余污泥等的固化/稳定化效果甚差。其主要原因在于有机物会阻止PC的水化进程，降低其反应速率，进而削弱固化效率。如Minocha等考察了油脂（grease）、油类（oil）、六氯苯（hexachlorobenzene）、三氯乙烯（trichloroethylene）和苯酚（phenol）对固化污泥土工特性的影响。结果表明，油脂、油类和苯酚均会对固化剂水化产生严重不利影响，油脂和油类掺入量为 8wt.% 时，以 PC —飞灰为固化剂的污泥试样 28dUSC 降低 50%；而掺入 8wt.% 的苯酚会导致以 PC、PC —飞灰为固化剂的污泥试样的 28dUCS 分别削减达 54% 和 92%，固化污泥力学性能急剧恶化。

近年来，研究人员开展了大量 PC 改性试验研究，试图通过筛选和优化改性材料，达到削弱或屏蔽污泥有机质不利干扰的目的。如 Katsioti 等探讨了硅藻土（bentonite）作为改性剂的可行性，硅藻土具有较高的有机物吸附容量。然而，结果并非令人满意。PC —硅藻土复合作为固化剂对污泥 UCS 的促进作用十分有限，有时甚至导致强度变差，强度损失达 52%~68%。此外，Malliou 等以 PC 为固化剂、$CaCl_2$ 和 $Ca(OH)_2$ 为促凝剂固化/稳定化污泥。当 $CaCl_2$ 和 $Ca(OH)_2$ 的掺入量分别为 3wt.% 和 2wt.% 时，固化污泥的 28dUCS 可提升 10% 左右。大量 Cl^- 的引入会极大限制固化产品的应用领域，尤其是其在建筑行业的应用，其主要原因在于 Cl^- 会加速加固混凝土结构中钢筋的腐蚀和腐化。另外，研究人员也考察了黄钾铁矾（jarosite）、明矾石（alunite）、$Na_2SiO_3 \cdot 5H_2O$、Na_2CO_3 以及石灰和飞灰作为 PC 改性剂的可行性，然而研究结果亦非令人满意。

本项目的前期研究证实铝基胶凝固化驱水剂（AS）具有优越的早强性和快硬性，可以有效削弱甚至消除有机物的毒害和强干扰效应，促进水化产物的结晶与沉淀，因此，AS 作为 PC 改性剂具有较高的可行性。基于此，本章节在第 7.1 节的研究基础上：①系统构建以 PC 为骨料、AS 为改性剂的污泥固化/稳定化技术体系，确定最佳 AS/PC 混合工艺；②从力学和微观角度深入解析 AS 的助凝和强化机理；③并通过酸中和容量（acidneutralizationcapacity，ANC）试验全面评估污泥固化产品的环境安全性。

一、材料与试验设计

（一）试验材料

脱水污泥（DSs）为上海市某污水处理厂的压滤脱水污泥。水泥为 CEMII32.5 型波特兰水泥（PC），AS 的制备工艺详见本章第一节。采用 XRD 分析 PC 和 AS 的矿物组成，结果如图 3-12 所示，PC 的矿物相为 SiO_2、C_3S、C_3A 以及少量的 $CaSO_4 \cdot 2H_2O$（CSH_2）；AS 主要由 $12CaO \cdot 7Al_2O_3$ 和少量的活性 CaO 组成。

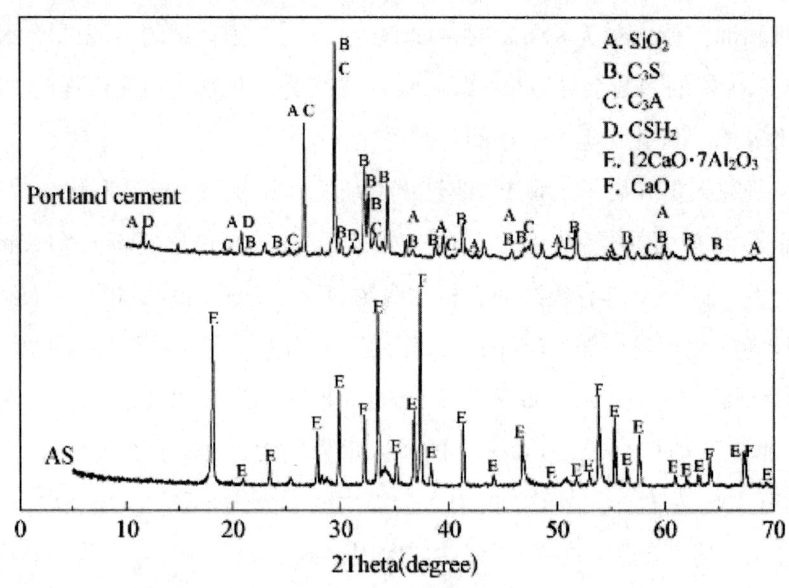

图 3-12 CEMII32.5 型 PC 和 AS 的 XRD 谱图

（二）污泥固化试样制备

固化方案如表 3-5 所示，AS/PC 按质量比 0 ： 10、2 ： 8、3 ： 7、4 ： 6 和 5 ： 5（m ： m）混合复配，复合固化驱水剂投加量为污泥湿重的 10wt.% 和 20wt.%。

表 3-5 污泥固化/稳定化试验方案

AS/PC 复配比 /m:m	固化驱水剂投加量	
	10wt.%	10wt.%
0:10	AC0/10-10	AC0/10-20
2:8	AC2/8-10	AC2/8-20
3:7	AC3/7-10	AC3/7-20
4:6	AC4/6-10	AC4/6-20
5:5	AC5/5-10	AC5/5-20

（三）酸中和容量试验（ANC）

水化产物是影响污泥试样 ANC 和重金属浸出性能的重要因素。采用 Chen 等和 Lampris 等学者推荐的 ANC 试验程序测定固化污泥的 ANC 和重金属浸出毒性。固化试样于 60℃烘干后，磨碎过筛（＜ 150μm），并放置于 50mL 的聚乙烯塑料瓶中，以 2mol/LHNO_3 溶液为浸提剂进行浸提试验，浸提剂投加剂量按一定梯度逐级递增。在液固比为 10 ： 1（L/kg）的条件下，于水平振荡装置（振荡频率为 110 ± 10r/min）连续浸提 24h，浸提液经 4 000r/min 离心，过 0.45μm 微孔滤膜除渣后，测定其 pH 和重金属（Pb、Cr、Cd 和 Ni）浓度。

二、结果与讨论

（一）固化污泥 UCS 的变化

AS 具有快凝、早强特性，与 PC 复掺作为污泥固化驱水剂可有效减小有机质的抑制作用，提高 PC 水化速率，改善污泥固化效果。固化污泥 UCS 变化趋势，如图 3-13 所示，AS/PC 比对固化污泥 UCS 有明显的影响，AS 明显促进了固化污泥的强度发展，尤其是早期强度。以固化驱水剂添加量 10wt.% 的固化试样为例（图 3-13（a）），最佳的 AS/PC 复掺比为 4 ： 6，此时试样 AC4/6 — 10 的 28dUCS 最大，约为 157.2kPa；当 AS/PC ＝ 2 ： 8、3 ： 7 和 5 ： 5 时，固化试样 AC2/8 — 10、AC3/7 — 10 和 AC3/7 — 10 的 28dUCS 也分别达到了 62.3、92.8 和 108.8kPa；而以纯 PC 为固化驱水剂（AS/PC ＝ 0 ： 10）的试样 AC0/10 — 10，其 28dUCS 仅为 25.1kPa，较 AC4/6 — 10 锐减 84.0%。这一发现，暗示 AS 可以有效改善 PC 的固化/稳定化性能，加速 PC 中 Si、Al 等的溶解、转化和结晶，水化作用形成的凝胶体填充和包裹污泥颗粒，降低试样空隙度，增加其密实度，改善力学性能。根据德国等污泥卫生填埋标准要求，进场污泥 UCS 须大于 50kPa，因此当 AS/PC ≥ 2 ： 8 时固化污泥均可实现卫生填埋。

由图 3-13（b）可看出，固化剂投加量过高并非总有利于试样强度的发展。当固化驱水剂投加量增至 20wt.% 时，在 AS 的促凝和激发作用下，试样 AC4/6 — 20 和 AC5/5 — 20 均获得了极为突出的早期强度，UCS 在第 7 天即可达到最大，分别为 115.9 和 136.4kPa。然而，随着固化/稳定化时间的延长，在养护后期，固化试样 UCS 出现了严重的倒缩现象，AC4/6 — 20 和 AC5/5 — 20 的 UCS 分别削减至 28d 的 79.3 和 74.9kPa。尽管这一强度明显优于对照组 AC0/10 — 20（43.9kPa），但较 AC3/7 — 20（98.4kPa）而言，强度损失分别达到 24.1% 和 31.4%。

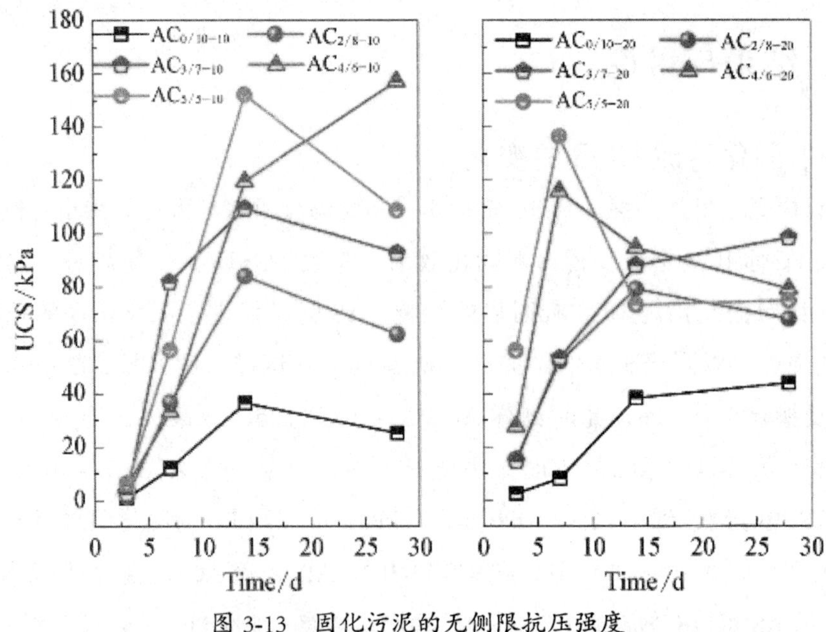

图 3-13 固化污泥的无侧限抗压强度

污泥卫生填埋的周期通常长达数月，UCS 的严重倒缩会导致机械施工的中断或延期，甚至因污泥填埋堆体无法承受自重而发生垮塌和滑坡等次生灾害。因此，基于实际工程考虑，较佳的固化/稳定化条件为：AS/PC 比例 3 ： 7~5 ： 5、复合固化驱水剂的投加量 10wt.%。

（二）X 射线粉末衍射分析（XRD）

为了揭示 AS/PC 配比对固化污泥强度和水化机制的影响，对含有不同 AS/PC 配比的固化试样进行 XRD 分析。图 3-14（a）反映了固化驱水剂投加量为 10wt.% 的固化试样的 XRD 分析结果，可以看出，AS 的存在明显改变了固化污泥的矿物组成。对于 AC0/10 — 10 而言，正如前期预料，由于高含量有机质（37.1wt.%）的强烈干扰效应，AFt 晶相无法正常形成，此时仅有少量 $CaCO_3$ 和 SiO2 检出。相比而言，固化试样 AC2/8 — 10 和 AC3/7 — 10 中均出现大量晶体水化产物 AFt，这是污泥强度的主要贡献者。且值得指出的是，AC2/8 — 10 和 AC3/7 — 10 也具有同 AC0/10 — 10 相似的有机质含量，分别为 39.0 和 40.7wt.%。这一发现证明，AS 具有极强的助凝和抗干扰能力，可以有效削弱污泥有机质的毒害和抑制效应，通过胶凝反应式（7-3）和式（7-4）加快 PC 的水化反应进程，促进 AFt 等晶体结构的快速凝结和沉淀。AFt 晶体黏结填充于污泥间隙，形成致密空间结构，因而显著改善污泥的强度性能。

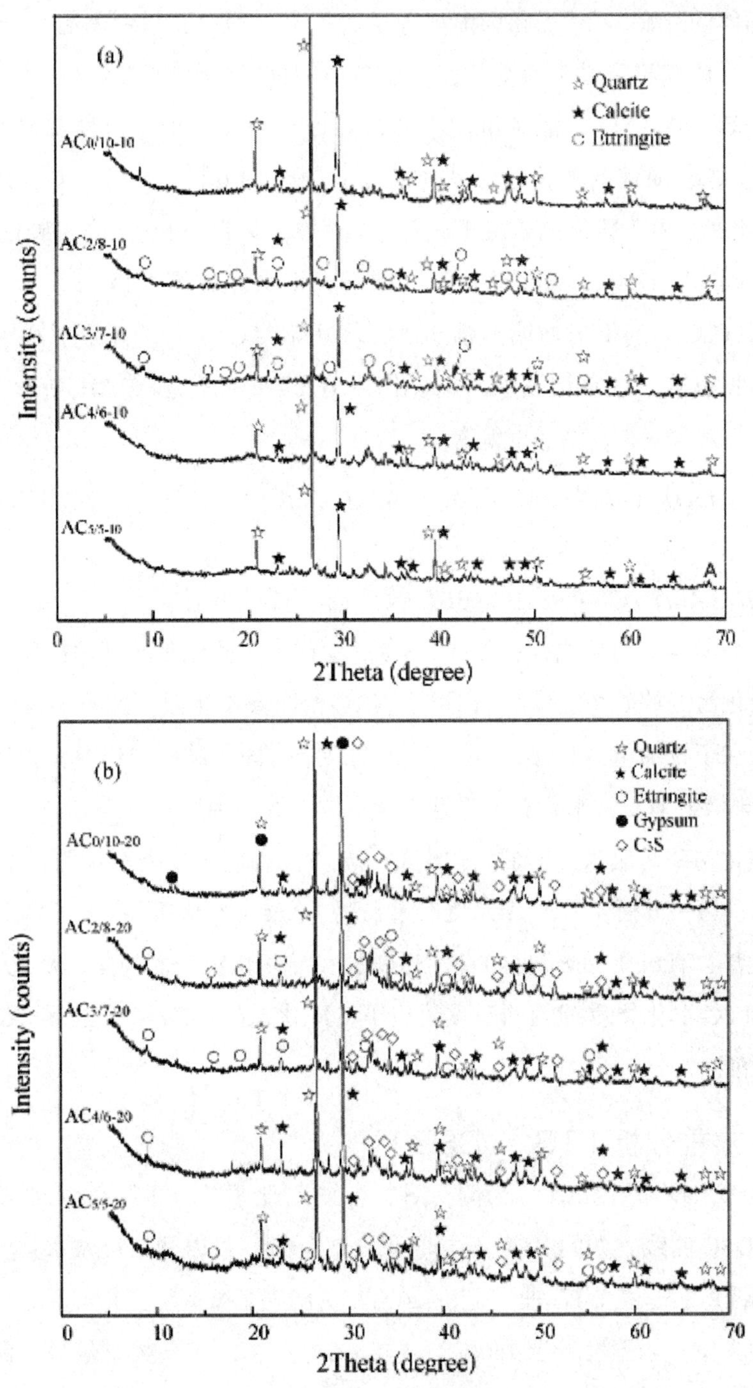

图 3-14　水化 28d 的固化污泥试样的 XRD 图谱

$$C_3A + 3C\bar{S}H_2 + 26H \rightarrow C_6A\bar{S}_3H_{32} \tag{3-3}$$

$$C_{12}A_7 + 3CSH_2 + 53H \rightarrow C_6AS_3H_{32} + 3AH_3 + 3C_3AH_3 \tag{3-4}$$

其中，C = CaO；C = CO_2；A = Al2O3；S = SO3；H = H_2O。

固化试样 AC4/6 — 10 和 AC5/5 — 10 均具有较佳的 28dUCS，然而，XRD 分析并未

检测到 AFt 晶体的存在。Gu 等和杨南如等学者指出，固化驱水剂中硫/铝（S/Al）摩尔比是控制 AFt 形成和稳定性的重要因素。随着 AS/PC 比例的增加，PC 含量降低，来自于 PC 的 S 供应不足，AFt 结晶和沉淀平衡被打破，晶体结构稳定性明显变差。故而，AS/PC 配比过高会加速 AFt 相通过式（3-5）向 AFm（C4ASH12）、C4AH13 和 C2AH8 等发生转化。此外，由于固化试样在开发环境下养护，少量 AFt 也会通过碳化反应式（3-6）向 $CaCO_3$ 等稳定晶相转移，AFt 进一步削减甚至消失。如图 3-14（a）所示，AC4/6-10 和 AC5/5-10 中 $CaCO_3$ 的衍射峰明显强于 AC2/8-10 和 AC3/7-10，证实了高 AS/PC 配比下 $CaCO_3$ 的结晶和积累。XRD 谱图中，并未出现 AFm、C_4AH_{13} 和 C_2AH_8 等含钙水化产物的衍射峰，可能与其含量少、结晶度低有关。

$$C_{12}A_7+C_6A\bar{S}_3H_{32}(AFt)+34H\rightarrow 3C_4A\bar{S}H_{32}(AFm)+1/2C_4AH_{13}+2C_2AH_3+5/2AH_3 \tag{3-5}$$

$$3C_6A\bar{S}_3H_{32}(AFt)+\bar{C}\rightarrow 3C\bar{S}H_2+3C\bar{C}+A\cdot XH+(26-X)H \tag{3-6}$$

此外，由图 3-14 亦可看出，在相同 AS/PC 配比下，固化驱水剂的投加量（10wt.% 和 20wt.%）对固化污泥的矿物组成影响不大，XRD 谱图基本相似。由图 3-14（b）可知，唯一的不同之处在于投加量为 20wt.% 时，养护期终结时固化试样中仍存在较强的 C3S 衍射峰，与 PC 的失活或未正常水化有关。这可能由两方面原因所致：一方面，固化驱水剂投加量过大，固化初期污泥水分即被大幅消耗或蒸发，因而水化需水量明显不足，PC 正常结晶无法继续；另一方面，S/Al 摩尔比严重失调，AFt 晶相大幅转化，污泥干扰和毒害效应重新占据优势，有机质黏附包裹 PC 活性颗粒，导致颗粒表面钝化，水化受阻。在 AFt 相大幅消耗和 PC 水化严重抑制的双重阻碍下，固化试样 AC4/6 — 20 和 AC5/5 — 20 的后期强度急剧削减。

（三）热重分析（TG － DSC）

以固化驱水剂投加量 10wt.% 为例，图 7 — 15 对比了含有不同 AS/PC 配比的固化试样的 DTG — DSC 曲线。如同 XRD 分析结果，热分析亦可以间接反映水化产物的组成及变化特征。如图所示，在 DTG 曲线上，120℃左右出现了微弱的失重峰，是污泥自由水和结合水的蒸发失重；当温度升至 160℃，试样 AC3/7 — 10 出现失重信号，而其他试样均未检出，证实了大量 AFt 晶体的存在，这与 XRD 分析结果十分吻合；250℃~350℃处的失重峰可能与污泥中易挥发性有机物的热分解和低晶度 C — S — H 水化产物的失水有关；当温度继续攀升至 450℃左右时，除 AC0/10 — 10 外，其余固化试样均在此处出现微弱的失重，这是由少量 Ca（OH）$_2$ 的高温脱水所引起，Ca（OH）2 的存在与 AS 内部残留 f — CaO 的水化反应有关；此外，700℃为 $CaCO_3$ 的高温分解失重 CO_2，此外该失重信号还可能与污泥中残余难挥发性有机物和无机矿物的热分解有关，失重强度因 AS/PC 配比的不同，而表现出明显差异。

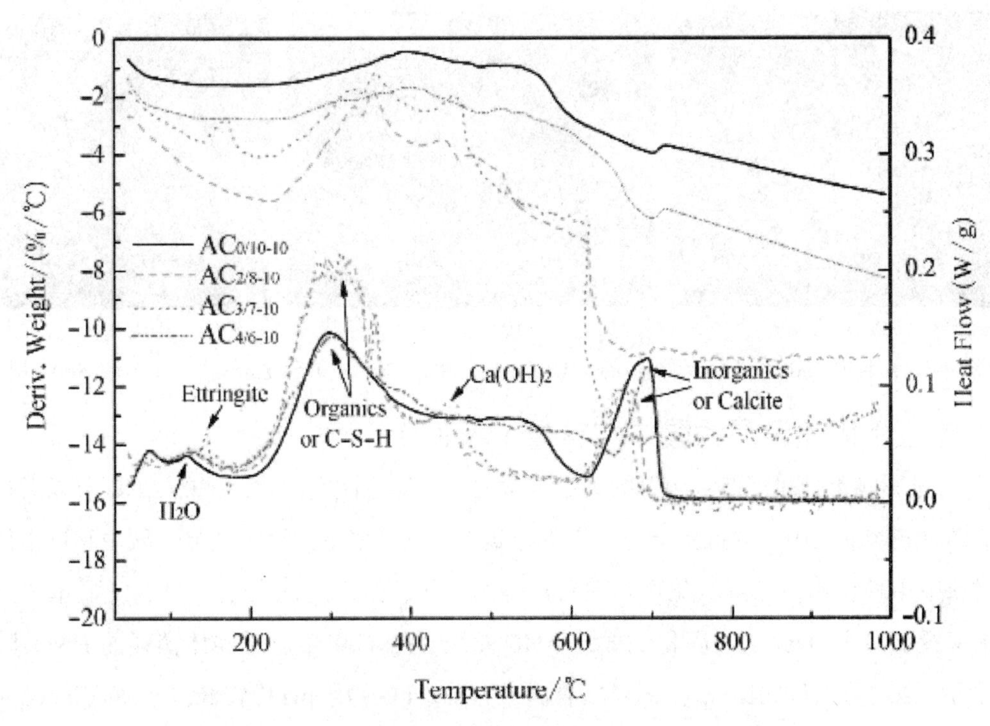

图 3-15　水化 28d 的固化试样的 DTG — DSC 曲线

（四）扫描电子显微镜分析（SEM）

为明确 AS/PC 掺混配比对固化污泥晶体沉淀和微观形貌的影响，进一步验证 XRD 和 TG — DSC 分析结果，分别选取养护 28d 的固化试样 $AC_{0/10-10}$、$AC_{3/7-10}$ 和 $AC_{4/6-10}$ 进行 SEM 分析（图 3-16）。

图 3-16（a）为试样 $AC_{0/10-10}$ 的 SEM 图，无 AS 掺入时，仅有少量低晶度水化产物胶结于污泥颗粒外围，填充于污泥间隙，颗粒表面依旧凹凸不平，粗大颗粒清晰可见，印证了有机质对 PC 水化的强干扰和抑制效应。固化体内水化产物结晶度低，颗粒凝结力差，结构疏松，故而 $AC_{0/10-10}$ 力学性能极差。随着 AS/PC 掺混配比的增加，固化试样的微观形貌和晶体构型发生明显改变，如图 3-16b 所示，AS 的添加加速了高晶度、棱镜状 AFt 玻璃晶体的形成和沉淀，这些水化产物均匀黏附于污泥颗粒周围，并彼此交叉抱箍形成致密的三维骨架结构，从而提高固化污泥的密实性，改善其早期强度，与 XRD 和 TGDSC 分析结果一致。这是因为 AS 中的活性组分 $12CaO·7Al_2O$ 通过式（3 — 4）与 CSH2 快速胶合形成 AFt 胶溶体，AFt 晶体覆盖于污泥颗粒表面，减小甚至抵消有害有机物的干扰和阻碍效应，因而为 PC 的正常水化创造安全环境，而 PC 的水化又促进了更多的 AFt 相的结晶。

大量 AFt 晶体填充于污泥间隙，并通过化学络合和物理包裹作用，将污泥颗粒穿插禁锢，因此固化污泥孔隙变小，密实度大幅提高，抗压缩性能获得明显好转。

(a) $A_{0/10-10}$ (b) $A_{3/7-10}$ (c) $A_{4/6-10}$

图 3-16 水化 28d 的固化试样 A0/10–10（a）、A3/7–10（b）和 A4/6–10（c）的 SEM 图

（五）固化污泥的酸中和容量（ANC）

pH 是影响重金属沉淀—溶解的关键因素之一，通过测定固化污泥的 ANC 可以考察固化试样对酸溶液的中和和抵抗能力以及重金属在酸性环境下的稳定性能。酸中和过程伴随着材料中多种矿物，如氢氧化物和碳酸盐等的多相溶解反应的发生。图 3-17 显示了固化驱水剂投加量为 10wt.% 的固化试样的 ANC 曲线，ANC 以单位干固体消耗的 HNO_3 酸当量计（H^+消耗量），即 meq/g。由图可以看出，固化试样的初始 pH 均较低，7.8~8.8（0meq/g），可能与 $Ca(OH)_2$ 含量过低有关；当酸当量增至 2.0~3.0meq/g 时，pH 快速降至 7.0 左右，随着酸当量的增加，pH 出现平台期，维持在 7.0~6.0 之间，当酸当量由 5.0meq/g 持续增加至 6.5meq/g 时，pH 发生再次骤降，最终仅在 3.5 左右。

通过对比参考 pH 下的 ANC，可以评价不同固化污泥的酸中和能力。结合 Quina 等学者的研究结果，本研究选取 pH7（ANCpH7）和 4（ANCpH4）作为参考 pH。由图 7 — 17 可知，总体而言，AS/PC 配比对 $ANCpH_7$ 和 $ANCpH_4$ 影响较小。$ANCpH_7$ 随着 AS/PC 配比的增加出现轻微降低，AS/PC 配比从 0 ： 10 升至 2 ： 8、3 ： 7、4 ： 6 和 5 ： 5 时，ANCpH7 由起初的 3.2meq/g（AC0/10 — 10）分别减小至 2.7（AC2/8 — 10）、2.6（AC3/7 — 10）、2.2（AC4/6 — 10）和 2.1meq/g（AC5/5 — 10）；相比而言，$ANCpH_4$ 变化更加微小，基本维持在 6.1~6.3meq/g 之间。暗示 AS 的掺入对固化污泥 ANC 影响甚小，含有不同 AS/PC 复掺比的固化试样均具有较好的抗强酸侵蚀能力。ANC 的获得可能与固化试样中 $CaCO_3$、低 Ca/Si 比的 C — S — H 以及 SiO_2 凝胶的溶解与中和作用有关。

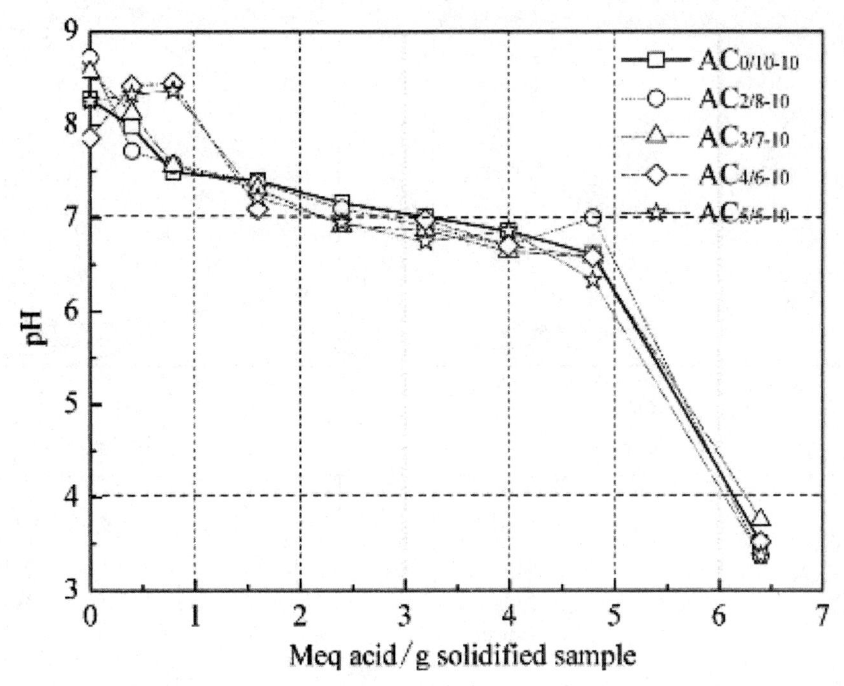

图 3-17　水化 28d 的固化试样（10wt.%）的 ANC 曲线

（六）不同 pH 下的重金属浸出行为

不同 pH 下固化污泥重金属浸出毒性，如图 3-18 所示，可以看出，重金属浸出毒性受 pH 和 AS/PC 比影响显著。在 pH 值为 3~6 时，重金属 Pb、Cd、Ni 和 Cr 的浸出浓度随 pH 的增加，呈显著降低的趋势；当 pH 值大于 6.5 时，重金属浸出浓度基本维持不变。另外，AS/PC 配比的升高，也一定程度上加速了重金属的溶出，如在 pH = 3.5、AS/PC = 2 ： 10 时，试样 $_{A2/8-10}$ 的重金属 Pb 和 Cd 浸出浓度明显增加，约为对照组 A0/10 − 10 的 300%~400%；而重金属 Ni 和 Cr 的溶出亦呈上升趋势，分别从起初的 0.3mg/L 和 0.04mg/L 升高到 1.8mg/L 和 0.16mg/L。溶解度的增加可能与 AS 和重金属对 PC 中活性组分的竞争反应有关，AS 与 PC 活性组分的快速水化沉淀阻碍了重金属离子对 PC 水化产物中 Ca、Al 等母离子的同晶置换，故而绑定和禁锢约束力下降，重金属稳定性能变差（图 3-18（a））。尽管 AS 的掺入轻微降低了重金属的稳定性，但重金属的浸出浓度均明显低于《危险废物鉴别标准—浸出毒性鉴别》（GB5085.3—2007）规定的阈值（Pb：5mg/L；Cr：15mg/L；Cd：1mg/L；Ni：5mg/L）。

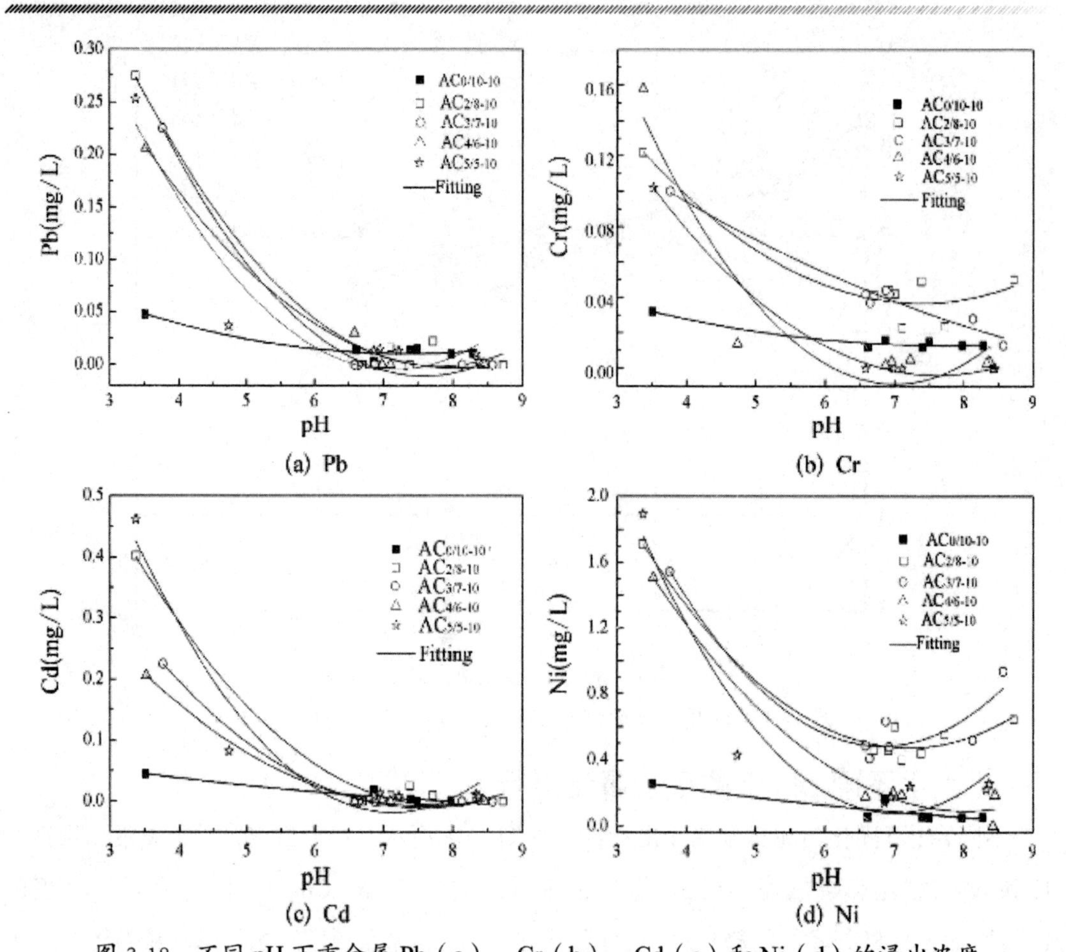

图 3-18　不同 pH 下重金属 Pb（a）、Cr（b）、Cd（c）和 Ni（d）的浸出浓度

重金属的溶出－固定过程极为复杂，XRD 分析（图 3-19）证实重金属 Cr 与固化剂中活性组发生了共沉淀反应，并最终以 $Fe_2(CrO_4)3(H_2O)_3$ 和 $Al_{13}(OH)_{11}(CrO_4)4\cdot 36H_2O$ 的形式沉淀。同时，少量 Cr 也可以通过同晶置换作用被嵌套胶固于水化产物 $Ca_6Al_2Cr_3O_{18}\cdot 32H_2O$ 和 $Ca_4Al_2CrO_{10}\cdot 12H_2O$ 等内部，这也为 Cr 的毒性控制提供有利条件。Cd 也有相似的固定机制，然而 XRD 分析未检出含 Cd 结晶相的存在，可能与其较低的结晶度有关。此外，Cappuyns 和 Swennen 以及 Chen 等学者指出，特定有机物的络合以及 C－S－H 脱钙作用形成的硅酸盐水化物等的胶合也部分地降低了重金属 Cr 和 Cd 的溶出。对于 Ni 而言，水化产物的表面吸附和物理绑定是其释放抑制的主控因素。尽管固化污泥的重金属浸出毒性随 pH（8.8~3.5）的降低而明显增加，但浸出毒性均远低于《危险废物鉴别标准—浸出毒性鉴别》（GB5085.3—2007）规定的阈值。而一般情况下，固化污泥卫生填埋场内部的 pH 均较高，不会产生强酸环境，不易导致重金属的过量溶解和浸出，因此，AS－PC 固化污泥可以进行卫生填埋安全处置。

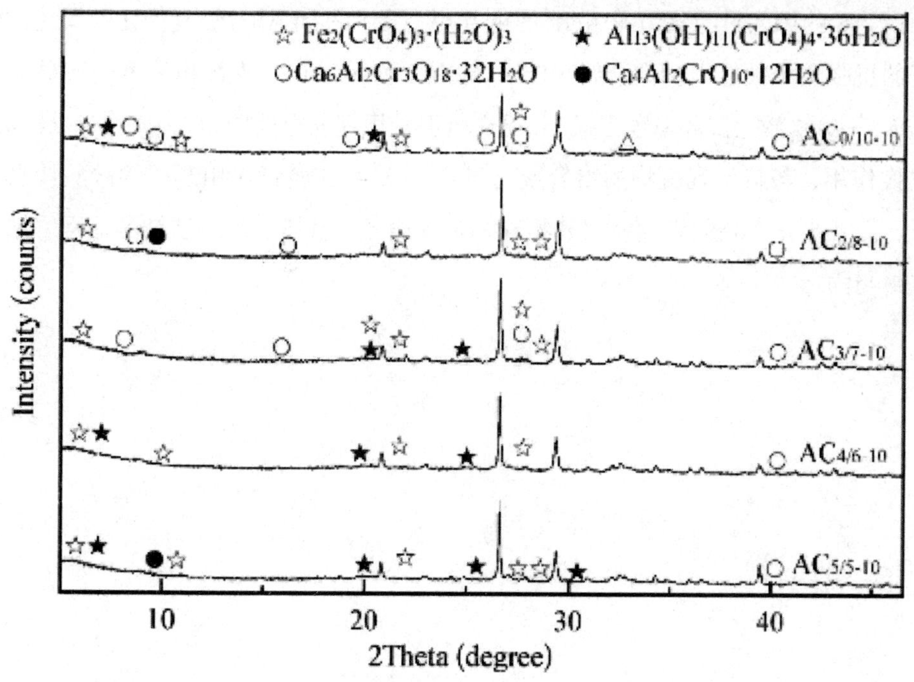

图 3-19　固化污泥重金属的 XRD 谱图（2θ ＝ 5.2° ~46.8° ）

（七）小结

（1）通过水热合成—低温焙烧工艺，研发出以 $12CaO \cdot 7Al_2O_3$ 为主成分的铝基凝胶固化驱水剂（AS），AS 具有较强的火山灰活性和早强性。以 AS 为主成分、10wt.%$CaSO_4$ 为促凝剂时，固化/稳定化效果最佳，污泥经 5d 养护后，含水率即可降至 60%；7d 后，UCS 可达 51.32 ± 2.9kPa，满足《城镇污水处理厂污泥处置—混合填埋泥质》（CJ/T249—2007）卫生填埋指标要求。

（2）XRD、SEM 和 TG — DSC 分析显示，大量针状或蜂窝状 $CaAl_2Si_2O_8 \cdot 4H_2O$ 和 $CaCO_3$ 均匀分布于固化试样内。$CaAl_2Si_2O_8 \cdot 4H_2O$ 具有较强的凝结和绑定性能，可交叉填充于污泥间隙，胶结禁锢污泥颗粒，提高固化体内聚力，形成结构致密、质地坚硬的微观结构，强化早期强度。

（3）以 AS 为改性剂、PC 为骨料对污泥进行固化/稳定化试验，AS/PC 复掺比为 4 ∶ 6、投加量 10wt.% 时，固化试样的 28dUCS 最大，为 157.2kPa；而以纯 PC 为固化驱水剂时，试样 28dUCS 仅为 25.1kPa。

（4）AS 可有效改善 PC 的固化/稳定化性能，加速 PC 中 Si、Al 等的溶解和高晶度、棱镜状 AFt 玻璃晶体的形成与沉淀。AFt 晶体覆盖于污泥表面，降低有害有机物的干扰和阻碍效应，为 PC 正常水化创造安全环境，PC 水化又促进了更多水化产物的形成，水化产物与污泥颗粒彼此交叉抱箍，形成致密的三维骨架结构，促进污泥强度发展。

（5）AS 的掺入对固化污泥 ANC 影响甚小，含有不同 AS/PC 复掺比的固化试样均具有较好的抗强酸侵蚀能力。重金属（Pb、Cr、Cd 和 Ni）的毒性浸出浓度均明显低于标准《GB5085.3—2007》阈值，环境危害极小，可进行卫生填埋安全处置。重金属通过共沉淀反应、同晶置换作用、与特定有机物的络合或与经 C－S－H 脱钙作用形成的硅酸盐水化物等的胶合，以及水化产物的表面吸附和物理绑定等途径，被镶嵌禁锢于结晶体网络结构内，实现自封与固定。

第四章　污泥的建材与燃料利用

第一节　污泥制水泥

一、概述

水泥是当前工业建设中用量最大的材料，目前，全世界的水泥年产量达 20 多亿吨，我国水泥年产量位列世界第一，约占总产量的一半。普通硅酸盐水泥是由石灰岩、黏土和铁矿石为原料，按一定比例混合并磨细形成所谓生料，经 1450℃高温煅烧成为熟料，然后加入一定量的石膏再次磨细即成为水泥。水泥生产中常利用的废物主要是高炉碎渣和粉煤灰，副产品为石膏、炉渣烟尘等。污泥中含有有机物，能燃烧产生一定能量；污泥中的无机物主成分与水泥原料的成分相似；经过高温煅烧和水泥的固化减少了污泥的二次污染。污泥应用于水泥生产是一种经济有效的资源化方法。

20 世纪 70 年代，发达国家就开始利用水泥窑处置危险废弃物，在美国已有几十家水泥厂将危险废弃物作为替代燃料在水泥窑中进行焚烧处置，其替代量一般在 20%~60%；在欧洲的个别水泥厂替代率可达 80% 以上。通过对水泥回转窑的监测结果表明，水泥回转窑使用危险废弃物为替代燃料，不仅没有环境危害，而且相对于燃烧煤能减少污染物排放。日本研究出利用城市垃圾焚烧物和城市污水处理产生的脱水污泥为原料制造水泥的技术。这种类型水泥的原材料中约 60% 为废料，水泥的烧成温度为 1000℃~1200℃，燃料耗用量和 CO_2 的排放量较低，有利于城市垃圾的减量化、无害化和资源化，因此该水泥又被称为生态水泥。2001 年，日本建成了年产 11 万吨的“生态水泥厂”。在国内，2000 年，上海市万安集团公司进行了水泥窑焚烧污泥的半生产性试验研究；吴淞水泥有限公司利用苏州河底泥生产水泥，产品质量达到国家标准，煅煤烟气有害气体排放浓度和水泥重金属浸出毒性均符合国家标准。

二、基本原理与工艺技术

硅酸盐水泥中各种成分的含量与污泥焚烧灰中的成分相近，如表 4-1 所示。

表 4-1 污泥焚烧灰及其水泥与硅酸盐水泥的矿物组成比较（质量分数）（%）

组分	污泥焚烧灰	污泥水泥	硅酸盐水泥	质量要求
SiO2	20.3	24.6	20.9	18~24
CaO	1.8	52.1	63.3	60~69
Al2O3	14.6	6.6	5.7	4~8
Fe2O3	20.6	6.3	4.1	1~8
K2O	1.8	1.0	1.2	＜ 2.0
MgO	2.1	2.1	1.0	＜ 5.0
Na2O	0.5	0.2	0.2	＜ 2.0
SO3	7.8	4.9	2.1	＜ 3.0

从表 4-1 中的数据可以看出，除了 CaO 含量较低、SO_3 含量较高外，污泥焚烧灰其他成分含量与硅酸盐水泥含量相当。因此，向污泥焚烧灰中加入一定量的石灰或石灰石，经煅烧可制成灰渣硅酸盐水泥。制成的污泥水泥性能与污泥的比例、煅烧温度、煅烧时间和养护条件等有关。这种污泥水泥的物理性质的测定结果，如表 4-2 所示。

表 4-2 污泥水泥的物理性质

性质	污泥水泥	硅酸盐水泥	性质	污水水泥	硅酸盐水泥
水泥细度 /$m^2 \cdot kg^{-1}$	110	120	紧密度 /%	82	27
水泥体积固定性 /mm	1.9	0.9	硬凝活性指数 /%	67	100
容积密度 /$kg \cdot m^{-3}$	690	870	初始凝结时间 /min	40	180
相对密度	3.3	3.2	终止凝结时间 /min	80	270

（一）污泥预处理

利用污泥做水泥生产原料的三种方式：一是直接利用脱水污泥；二是干燥污泥；三是污泥焚烧灰。实际的生产过程可根据水泥厂和污水厂污泥的实际情况，选择合适的污泥预处理方法。污泥制硅酸盐水泥的可能预处理途径，见图 4-1。

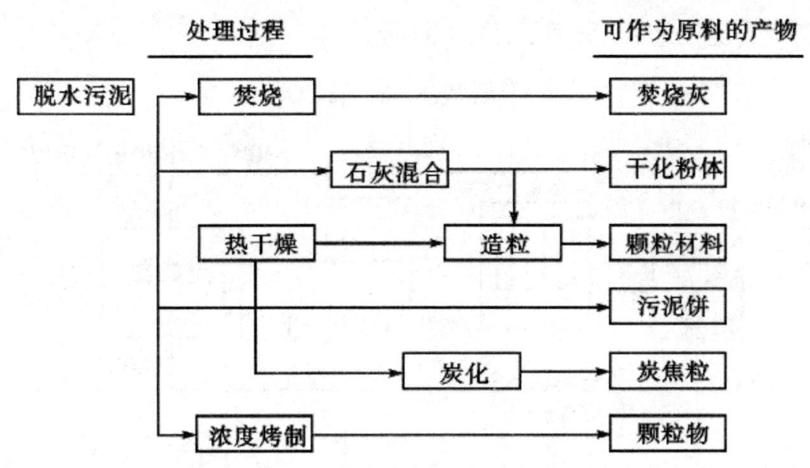

图 4-1　污泥制硅酸盐水泥的可能预处理途径

1. 焚烧灰

污水厂污泥经过焚烧后产生焚烧灰，焚烧灰可直接被水泥厂利用。当污水厂与硅酸盐水泥厂之间的距离较远时，可选这一种方法。

2. 脱水污泥饼

脱水污泥含水量少，有一定的热值。硅酸盐水泥厂利用脱水污泥饼时，脱水污泥在水泥厂可直接放入烧结窑制造熟料。直接将脱水污泥与水泥生料混合后，进料时，应设置专门的物料混合设备。入窑混合物料的含水率应＞ 35%，流动度＜ 75mm。

3. 石灰混合

石灰混合是另一种无须焚烧的污泥制水泥预处理工艺。脱水污泥与等量的石灰混合，利用石灰与水的反应释热来使污泥充分干化。此过程只需很少的加热，混合后的产物为干化粉体，可被水泥厂接受。

4. 污泥干化

干化污泥可作为水泥厂的原料，并替代一部分燃料。干化后污泥保留的有机质可为水泥烧制提供能量，污泥组分则替代部分原料；污泥灰成为水泥熟料，其中的重金属也能最终有效地固定在水泥构件中。直接将干化污泥送入水泥窑炉混合烧时，应设置专门的存储、混合、破碎、分装置。干化污泥可直接与生料粉混合后进料，也可通过设置在燃烧器、分解炉、窑头、窑尾的进料喷嘴进料。入窑干化污泥的粒径宜与入窑生料粉和煤粉的粒径相近。干化污泥作为脱水污泥制硅酸盐水泥的预处理方法，在欧盟国家有多个应用实例 . 我国天津东郊污水处理厂（含水量 80% 的脱水污泥产量为 410t·d-1）与天津第一水泥厂协作进行了干化污泥制水泥的试验，干化后的污泥含固率在 90% 以上，水泥质量达到要求。据预测，天津东郊污水处理厂污泥干化后，作为天津第一水泥厂的原料，每年可以节约水泥厂煤消耗总量的 30% 左右。

污水处理厂污泥干化工艺流程，如图 4-2 所示。

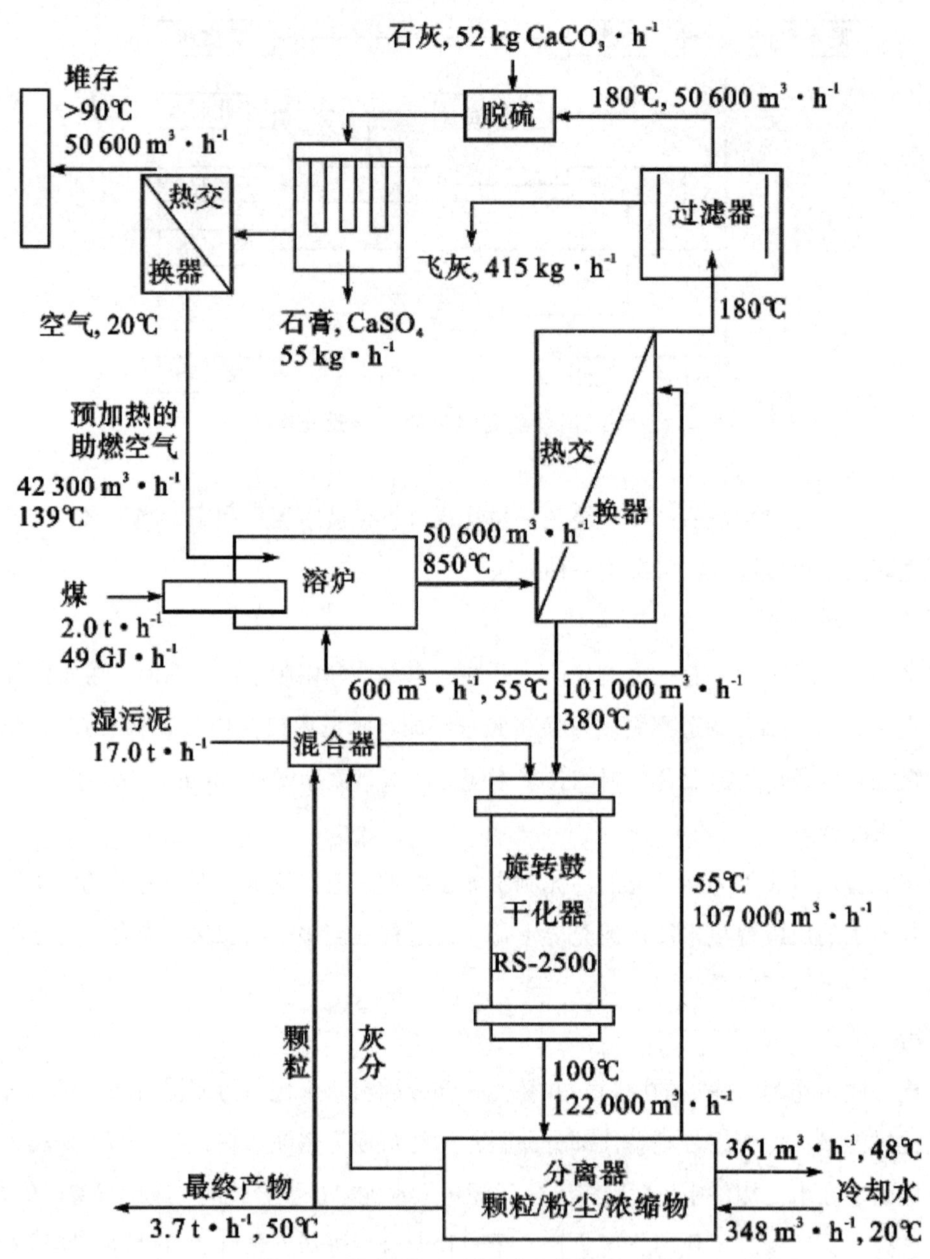

图 4-2　污水处理厂污泥干化工艺流程

注：气体体积均为标准状态下的体积

（二）最大污泥充入量

污泥利用于水泥生产的关键是污泥中含的无机成分必须符合水泥生产的要求。表 4-3 列出了污泥焚烧灰与黏土化学组成的比较。由表可知，污泥灰分的成分与黏土成分接近，污泥可替代黏土作原料，生料配料计算结果表明，理论上可替代 30% 的黏土原料。

实践证明：污泥焚烧灰含量为 0.4% 时，会使硅酸盐水泥构件的抗压强度降低 10%；如果污泥含量超过 2% 时，水泥的强度将急剧下降，因此将焚烧灰混入原料中的最大量，不应超过 2%。

（三）工艺技术

利用污泥做原料生产水泥时，主要解决污泥的贮存、生料的调配及恶臭的防治，确保生产出符合国家标准的水泥熟料。上海水泥厂的生产工艺是：污泥→封闭式汽车运输→堆放→淘泥机→调制生料→泥浆库→搅拌池→从窑尾入水泥窑焚烧。为了防止污泥堆放过程中产生恶臭，首先在污泥中掺入生石灰，然后采用水调料，再用泵输送到泥浆库，整个过程基本处于封闭状态，直至进入水泥窑。

表 4-3　污泥焚烧灰与黏土化学组成的比较（%）

化学成分	黏土	焚烧灰
SiO2	56.8~88.7	37~44
Al2O3	4.0~20.6	12~19
Fe2O3	2.0~6.6	4~11
CaO	0.3~3.1	8~21
MgO	0.1~0.6	1.5~3
Na2O		0.5~1
K2O		1.5~2
P2O5		9~12

熟料烧成与普通硅酸盐熟料基本相同，污泥中的氯在高温区蒸发，在低温区冷凝，从而妨碍水泥窑的正常运行。因此，污泥脱水时，尽量不使用含氯的无机凝聚剂。污泥中的磷含量虽然比黏土高，但实践表明它不会像氯那样产生反复凝缩，影响水泥窑的运行，也完全不存在影响水泥质量的问题。

水泥窑最终排入大气的烟气中污染物最高排放浓度不得超过规定中的相关限值要求。有实验研究表明：以污泥为原料生产水泥时，水泥窑排出的气体中 NOx 含量减少 40%。这是因为污泥中氨在高温下挥发，与气体中的 NOx 反应，而使之分解，从而起到脱硝剂的作用。

（四）污泥用于生产水泥的特点

污泥用于生产水泥具有以下特点：①处理温度高和焚烧停留时间长，水泥回转窑内物料温度在 1450℃～1550℃，而气体温度则高达 1700℃～1800℃，在此高温下，污泥中有机物将产生彻底的分解；②焚烧状态易于稳定，由于大规模的水泥生产中，系统具有很大的热容量，能允许进入物料在数量及质量上的适度波动，因此能包容相对于整个物料处理量中占很小比例的污泥加入所起成分的微小改变，所以在废弃物的利用规模上可以远大于现有专业处理设备的处理能力；③没有废渣排出，在水泥工业的工艺过程中，只有生料和经过煅烧工艺所产生的熟料，没有一般焚烧炉焚烧产生炉渣的问题，对于水分含量较低的污泥，在回转窑中物质燃料（煤、天然气、重油等）的需要量，比单独的水泥生产和焚烧废弃物所产生的废气排放量低，同时，由于新型干法回转窑内处于碱性环境，也使得 SO_2、Cl 的排放量明显减少。

污泥水泥产品应进行浸出毒性实验，产品中重金属和其他有毒有害成分的含量不应超过国家相关水泥质量要求限值。

第二节　污泥制烧结建材

污泥制烧结建材的研究开发，在日本已经进行了 10 多年，日本东京都下水道局以焚烧灰制地砖，在工艺技术上是可行的，产品质量优于传统产品。

污泥制砖的方法主要有两种：一种是用干化污泥直接制砖；另一种是用污泥焚烧灰渣制砖。用干化污泥直接制砖时，应对污泥的成分进行适当调整，使其成分与制砖黏土的化学成分相当。当污泥与黏土按质量比 1 ∶ 10 配料时，污泥砖可达到普通红砖的强度。该污泥砖制造方式，由于受坯体有机挥发成分含量的限制（达到一定限度会导致烧结开裂，影响砖块质量），污泥掺和比很低，因此从黏土砖使用限制要求来看，已很难成为一种适宜的污泥制建材方法。

污泥焚烧灰制砖可通过两种途径实现：一为掺和黏土等原料混合烧砖；二为污泥单独烧砖。

一、污泥、黏土混合砖

一般情况下，污泥焚烧灰渣的化学成分与制砖黏土的化学成分比较接近（表 4-4），但污泥焚烧灰中 SiO_2 含量较低。

在利用污泥焚烧灰渣制砖时，需添加适量黏土与硅砂，提高 SiO_2 含量，使其成分达到制砖黏土的成分标准。一般合适的配比为：黏土：焚烧灰：硅砂 =50 ∶ 100 ∶（15~20）（质量比）。如按配比为焚烧灰：黏土：硅砂 =1 ∶ 1 ∶（0.3~0.4）（质量比），制成的污泥砖的物理性能：如表 4-5 所示。如果焚烧灰中含过高的生石灰，加入黏土与硅砂，烧成的砖块强度很低，难达到使用要求。

用脱水污泥制砖时，脱水污泥一般可掺入煤渣、石灰、粉煤灰、黏土和水泥进行调配。

接入的物质须和水、污泥混合搅拌均匀，制坯成型进行焙烧。污泥与黏土等物质的配比一般不应超过 1 ∶ 10。

表 4-4　污泥焚烧灰的成分与制造砖的成分比较

项目	SiO2	Al2O3	Fe2O3	CaO	MgO
污泥焚烧灰	17~30	8~14	8~20	4.6~38	1.3~3.2
制砖黏土	57~89	4.0~20.6	2.0~6.6	0.3~13.1	0.1~0.6

污泥焚烧灰 / 黏土混合砖的制坯、烧成、养护等制造工艺均与黏土砖相近，砖坯烧结温度以 1080℃ ~ 1100℃为宜。烧制成品既可用于非承重结构，也可按标号用于承重结构，制造设施可利用现有黏土砖制造厂。

表 4-5　污泥砖的一般物理性质

焚烧灰：黏土	平均抗压强度 /$kg \cdot cm^{-2}$	平均抗折强度 /$kg \cdot cm^{-2}$	成品率 /%	鉴定标号
2:1	82	21	83	75
1:1	106	45	90	75

二、污泥焚烧灰制地砖

以污泥焚烧灰作为单一原料制造非建筑承重用的地砖，是一种污泥建材利用方法，该法无须掺和大量黏土，因此更符合相关建材技术政策，但其工艺与一般黏土砖制作工艺有很大的差异。

（一）工艺要点

1. 原料

利用污水厂污泥焚烧灰作为原料，原料特性直接影响烧制地砖的质量，主要影响因素有以下三方面：工艺要求的灰渣平均粒径应小于 30μm，以避免使成品出现丝状裂痕，流化床污泥焚烧炉的灰渣更接近于原料要求；灰渣原料中有机质和水分含量均应控制在 10% 以下，避免引起的成品开裂；灰渣原料的 CaO 含量应小于 15%，灰渣中 CaO 含量过高，会使烧制成品出现丝状裂痕，而影响质量，因此，污泥预处理时不宜采用石灰当脱水调节剂。

2. 制坯

制坯采用细灰注模、冲压成型的工艺，关键的质量控制参数是坯体密度和保证坯体内无空气，为此采用的控制指标为：焚烧灰的平均粒径为 20μm，冲头压强为 100MPa，坯体密度≥ $1.68g \cdot cm^{-3}$，模具内应施加 –26kPa 的真空度，以保证坯体内空气可顺利释放。

3. 烧结

污泥焚烧灰地砖烧结工艺是采用辊道炉膛烧结窑进行砖坯烧制。成品坯从辊道的一端进炉，烧结后再由辊道输出。由于污泥焚烧灰砖坯几乎不含水，因此该地砖的烧结升温速率可大于一般黏土砖。

烧结过程需先控温在约 930℃，保持约 1h，作用是使坯体内的残余有机质充分氧化，避免“黑核”问题；而真正的烧结温度为 1 020℃左右，其作用是使坯体整体能达到均匀烧结的目的；降温速率控制要相对缓慢而均匀，避免因砖体的热应力释放过快而碎裂。烧结过程的最高温度与成品砖的质量指标（热缩率、抗压强度、抗折强度、磨耗及吸水率）有关。从节能的角度出发，烧结温度选在 1020℃。污泥焚烧灰制地砖的工艺流程，如图 4-3 所示。

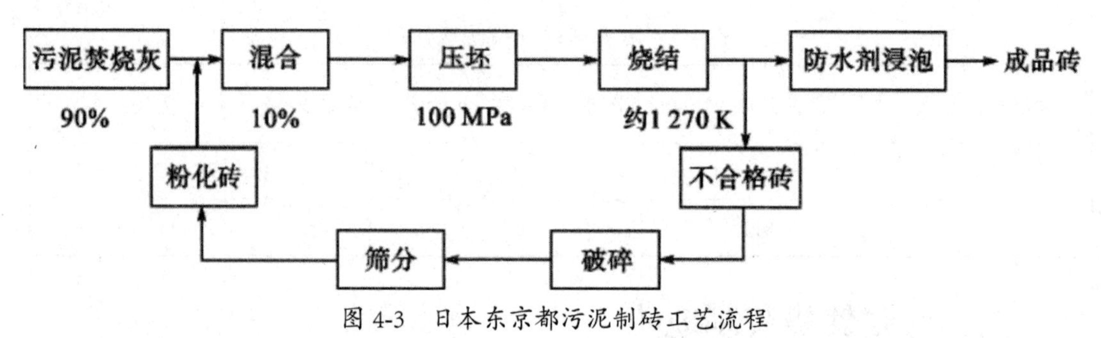

图 4-3　日本东京都污泥制砖工艺流程

（二）质量

污泥焚烧灰地砖与传统黏土烧制砖的质量指标，比较如表 4-6 所示。

表 4-6　污泥砖与黏土砖的质量比较

项目	污泥砖	黏土砖
抗压强度 /N·mm^{-2}	15~40	4~17
吸水率（质量分数）/%	0.1~10	16
磨耗 /g	0.01~0.1	0.05~0.1
抗折强度 /N·mm^{-2}	80~200	35~120

从表 4-6 中可以看出，污泥焚烧灰地砖各方面的指标均优于传统砖。但是，此工艺制成的地砖在日本东京的公共场所人行道铺设的实际应用中，还存在一些缺陷：地砖铺设于潮湿、光照不充分的路面时，表面有茂盛的绿苔生长；地砖表面即使在无雨的冬天，也会出现一层薄冰，使行人行走困难；地砖表面出现 $CaCO_3$ 结晶形成的白斑，这种现象在铺设于混凝土和混合砂浆基础上的地砖中，出现得更为普遍，使其外观质量恶化。

第三节　污泥制轻质陶粒

陶粒是由黏土、泥质岩石（页岩、板岩等）、工业废料（粉煤灰、煤矸石）等作为主要原料，经加工、熔烧而成的粒状陶质物。通常将粒径大于5mm的称为陶粒；小于5mm的称为陶砂。粒状陶质物具有浑圆状外形、外壳坚硬且有一层隔水保气的粟红釉层包裹、内部多孔、呈灰黑色蜂窝状等特点。其松散密度为200~1 000kg·m^{-3}，具有一定的强度。污泥制轻质陶粒的工艺有两种：一种是利用生污泥或厌氧发酵污泥的焚烧灰造粒后烧结的工艺，该工艺在20世纪80年代趋于成熟，并投入应用，但不足之处是需要单独建设焚烧炉，污泥中的有机成分没有得到有效利用；另一种是近年来开发的一种直接以脱水污泥为原料制陶粒的新工艺。

陶粒内部为多孔结构，具有密度小、强度高、保温效果好、防火、抗冻、耐细菌腐蚀、抗震性好及施工适应性好等优良性能，可用于制造建筑保温砼、结构保温砼、高层结构砼、陶粒空心砖块等；亦可用于筑路、桥涵、堤坝、水管等建筑领域；在农业上，用于改良重质泥土和作为无土栽培基料；在环保行业可用作滤料和生物载体等。污泥陶粒用途广泛，再加上城市污泥产量巨大，将其用于陶粒生产可取得巨大的经济效益和环境效益。

一、基本工艺流程

脱水污泥干化—烧结工艺制陶粒时，首先将污泥干化至含水率在10%以下，设置专门的破碎装置破碎物料，适宜的物料配比为干污泥50%、粉煤灰30%~40%、黏土10%~20%，混合原料在350℃的温度时预热30min，烧结温度宜为1 100℃~1 150℃，烧结时间为15min左右。污泥制轻质陶粒的工艺流程，如图4-4所示。

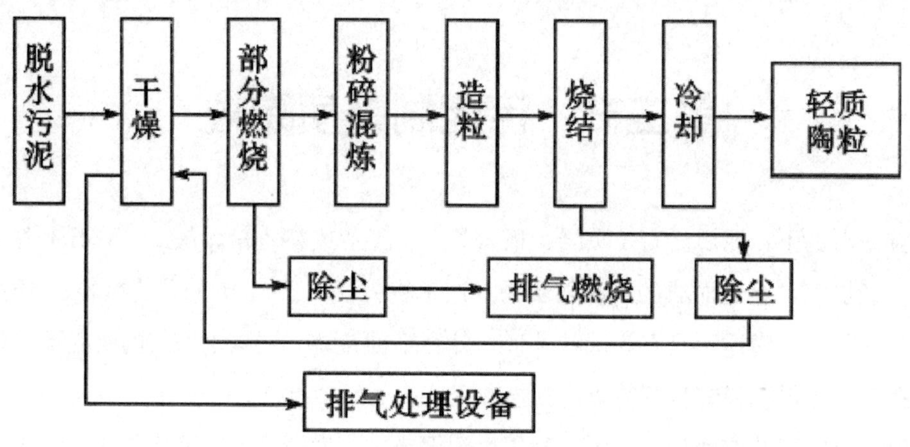

图 4-4　污泥制轻质陶粒的工艺流程

（一）干燥

污泥干燥采用旋转干燥器，防止污泥在干燥过程中结成大块，干燥器热风进口温度800℃~850℃，排气温度200℃~250℃。经干燥后，污泥含水率从80%左右下降到5%~10%，干燥污泥块大小一般为10mm左右。废气排入脱臭炉，炉温控制在650℃左右，使排气中恶臭成分全部分解，以防止产生二次污染。干燥热源来自部分燃烧炉的排气和烧结炉的排气，不需要外部补充热源。

（二）部分燃烧

在理论空气比以下（约0.25）使污泥部分燃烧，污泥中的有机成分分解，大部分成为气体，一部分以固定碳的形式残留。通过注水调节，控制燃烧炉内温度在700℃~750℃。燃烧的排气中空气比在0.24~0.32时，热值约4731kJ·m^{-3}，排气含有许多未燃成分，送到排气燃烧炉再燃烧，产生的热风作为污泥干燥热源利用。部分燃烧后的污泥中含固定碳10%~20%，热值1256~7536kJ·kg^{-1}。

（三）造粒

在部分燃烧过的污泥（包括除尘器收集的粉尘）中加入少量干燥污泥，调节物料含水率20%~30%混合后造粒，造粒物料的组成，见表4-7。

表 4-7　造料物料的组成（%）

物料	含水率（质量）	总炭（TC）	灰分	热值 /4.1868kJ·kg^{-1}
1	22.5	9.48	83.54	940
2	23.2	8.34	84.37	860

造粒物料中的碳在烧结过程中产生的气体，从粒子内部向外逸出，使烧结成品形成许

多小孔，质量轻。造粒时间与陶粒的强度有很大关系，一般需要 10min 左右。

（四）烧结

烧结条件直接影响质量，烧结温度以 1 000℃~1 100℃为宜，超出此温度范围陶粒强度会降低。陶粒的相对密度随烧结温度升高而减小，在上述烧结温度范围，其相对密度为 1.6~1.9。烧结时间一般为 2~3min。残留碳的含量与陶粒的强度几乎成反比，残留碳含量愈多，强度愈低，因此应控制在 0.5%~1.0%，此时陶粒强度为 1.5~2.0 千克·个 -1。

（五）轻质陶粒的组成和性能

污泥陶粒产品的吸水率和抗压强度应满足 GB2838—81 的要求，堆积密度和筒压强度等技术指标应满足 GB/T17431.1—1998 的要求。应按 GB5086.2—1997 规定对陶粒产品进行重金属浸出实验，确保符合相关应用领域的环保要求，禁止使用，对环境造成二次污染的产品。轻质陶粒的组成，见表 4-8。酸性和碱性条件下的浸出实验结果见表 4-9，实验结果表明，轻质陶粒符合作为建材的要求。

表 4-8　轻质陶粒的组成（%）

试样	SiO_2	Al_2O_3	Fe_2O_3	CuO	SO_2	C	燃烧减量
1	41.9	15.7	10.6	8.8	0.18	0.79	1.08
2	43.5	14.3	10.4	10.8	0.17	0.31	0.55

表 4-9　轻质陶粒浸出实验结果（mg·L-1）

试验条件	Cr6+	Cd	Pb	Zn	As
HCI	0.00	0.51	0.3	16.2	0.18
NaOH（pH=13）	0.00	0.00	0.0	0.04	0.06
水（pH=7）	0.00	0.00	0.0	0.01	0.04

二、污泥制轻质陶粒实例

广州华穗轻质陶粒制品厂年产陶粒 18.8×10^4 m³，轻质陶粒砌块 18×10^4 m³。该厂采用城市污水处理厂污泥替代部分黏土烧制轻质陶粒获得成功，已应用于实际生产，日处理污泥量已达 300t。煅烧窑设备系丹麦 F.L.SMIDTH 公司生产的双筒回转窑。

（一）原料组成与工艺流程简介

原料的基本组成是城市污水处理厂污泥、河道淤泥、铁矿石、石灰石、粉煤灰等。将污泥脱水、铁矿石粉碎混合、造粒后入窑烘制。其工艺流程如图 4-5 所示。

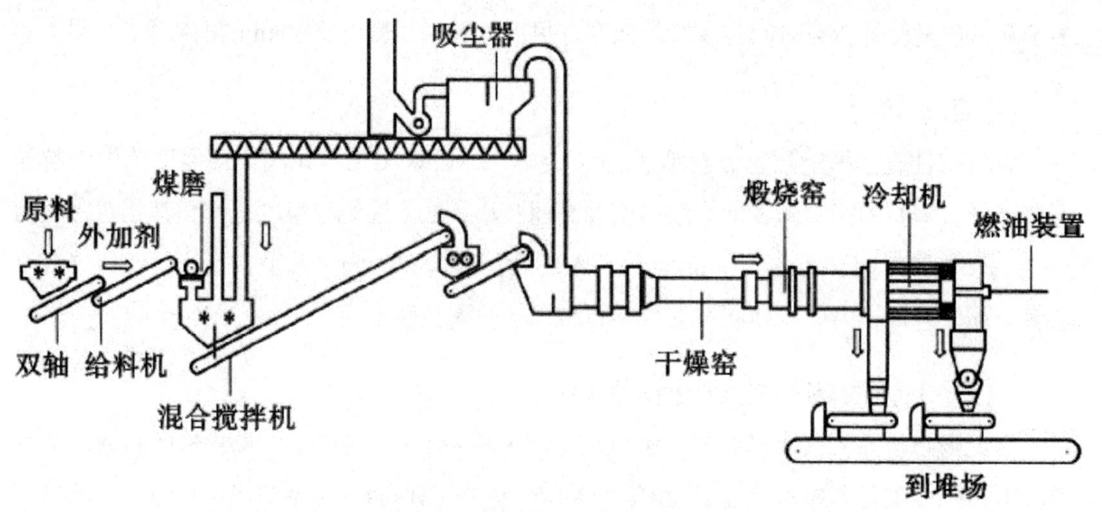

图 4-5 轻质陶粒生产工艺流程

（二）陶粒的规格与性能

该类陶粒内部具有无毛细现象的蜂巢状多孔结构，外表玻化成坚硬瓷质外壳，具有质轻、可浮于水、导热系数低、吸水率小、强度高、密度小、耐高温、耐酸碱等特点（表 4-10），可广泛应用于建材、建筑、工业、农业、交通、绿化、环保等领域中。其技术指标符合 GB/T17431.1—1998 所规定的要求。

应该注意和需改善的主要问题是：当污泥中含有大量的重金属时，要注意窑炉的烟气治理与控制以及对产品重金属浸出性能的监控。

表 4-10 轻质陶粒的规格与性能

规格 /mm	堆积密度 /kg·m-1	1h 吸水率 /%	筒压强度 /MPa	导热系数 /W·m-1·K-1
0~25	≤ 450	≤ 10.0	1.2	0.21
5~10	≤ 500	≤ 12.0	1.5	0.21
5~20	≤ 420	≤ 11.0	1.2	0.21
10~20	≤ 400	≤ 13.5	1.0	0.21
≤ 5（陶砂）	≤ 750	—	—	0.23

第四节 污泥制熔融材料和微晶玻璃

污泥熔融制得的熔融材料也可以作路基、路面、混凝土骨料及地下管道的衬垫材料。但是以往的技术均以污泥焚烧灰作原料，投资大，成本高，污泥自身的热值得不到充分利用，阻碍了进一步推广应用。近年来，开发了直接用污泥制备熔融材料的技术，大大降低了投资和运行成本，提高了产品附加值。

一、污泥制熔融材料

由日本荏原株式会社开发成功的污泥熔融系统，如图 4-6 所示，该系统由三种单元设备组成，即干燥设备、熔融设备和排气处理设备。

（一）干燥

含水率 75% 的脱水污泥用管道输送器送到脱水污泥料斗，用压力泵定量供给污泥搅拌机，同时加入 6% 的污泥焚烧灰和旋风分离器收集的少量干燥污泥，调整物料的含水率到 20%~25%。充分混合后的物料投入气流干燥器中。干燥排气经过除尘、减湿后，与熔融炉排气进行二次热交换，再送到热风炉补充热量，重新进入干燥器，循环利用。干燥排气的一部分送到熔融炉，在高温下脱臭处理后，排放。

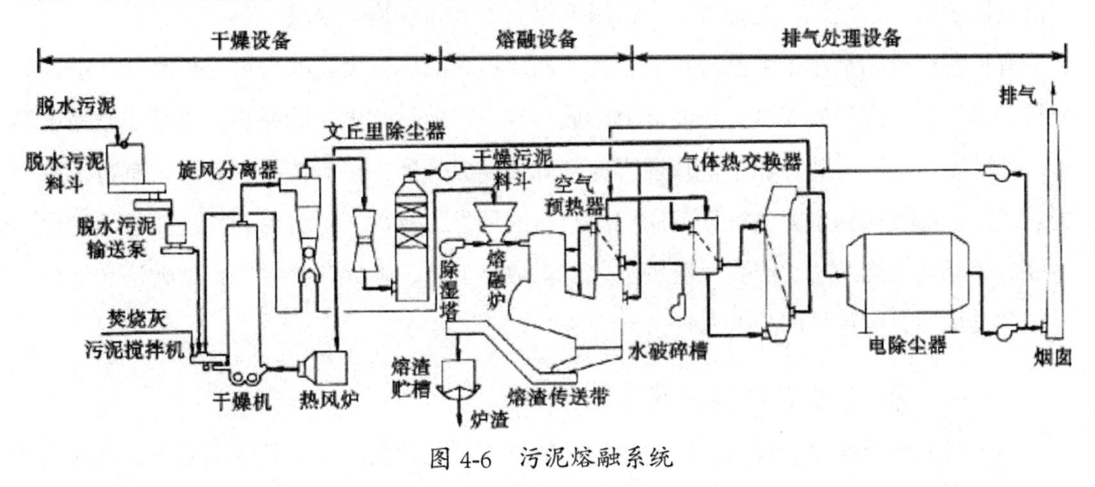

图 4-6 污泥熔融系统

（二）熔融

干燥污泥从熔融炉一次燃烧室的上部，用空气沿炉壁以切线方向吹入，干燥污泥沿炉壁不断旋转，瞬时燃烧、熔融。熔融液按旋风分离的原理，覆盖在炉壁周围，沿壁面落下，进入水破碎槽中，被水急冷，变成砂状的熔融材料。

（三）排气处理

从熔融炉排出的废气进入预热器和气体热交换器，与污泥干燥排气和污泥燃烧用空气进行热交换，以充分回收热量。然后经过干式电除尘器，除去粉尘，最终从烟囱中排放。排出的废气中粉尘、SO_x、NO_x 和 HCl 都低于排放标准。通常城市生活垃圾焚烧时最担心的二噁英浓度也只有允许排放标准的 1/10，为 0.01ngTEQ·m^{-3}。

（四）热量平衡

热量平衡系统所需热量主要来自污泥，补充的热量因脱水污泥含水率不同而异，可以通过热风炉燃烧重油加以调节，一般只要补充污泥热量的 10%，比起用污泥焚烧灰制熔融材料能耗大大节省。

二、污泥制微晶玻璃

微晶玻璃又称玻璃陶瓷（glass-ceramci），是通过加入晶核剂等方法，经过适当的热处理过程，在玻璃中生成晶核并使晶核长大而形成的玻璃与晶体共存的均匀多晶体材料。微晶玻璃的结构和性能与陶瓷、玻璃均不同，其性质是由晶体相的矿物组成和玻璃相的化学组成及它们的数量所共同决定的，因而集中了陶瓷和玻璃的特点，是一类特殊的材料。由于微晶玻璃具有低膨胀、耐腐蚀、抗热震、高强度、比重轻、不导磁、低介电损耗以及良好的光化学加工等特殊性能，一问世就显示了广阔的应用前景，并在短短的几十年间，广泛应用于电子、化工、生物医学、机械工程、军事和建筑等领域。

有控制的析晶是制备微晶玻璃的基础，而成核和晶体长大是实现可控析晶的关键，对成核和晶体长大过程的控制，可使玻璃形成具有一定数量和大小的晶相，以赋予微晶玻璃所需的种种特性。为此，除了选择适当的基础玻璃成分外，正确选择制备方法有特别重要的意义。微晶玻璃制备方法根据其所用原材料的种类、特性、对材料的性能要求而变化，主要有熔融法、烧结法、溶胶—凝胶法、二次成型工艺、强韧化技术等，熔融法和烧结法是工艺最成熟、应用最广泛的两种常见方法。

（一）微晶玻璃制备技术

生产微晶玻璃的原料目前常用的是污泥焚烧灰、沉砂池的沉砂和废混凝土，原料配比以 SiO_2、$A1_2O_3$ 和 CaO 的比例符合生成钙长石和 β-硅灰石要求为准。污泥灰中 SiO_2 和 $A1_2O_3$ 含量很高，MgO 的含量很少，微晶玻璃属于 CaO—$A1_2O_3$—SiO_2 体系。微晶玻璃的制备是一个受控晶化的过程，其实质就是玻璃的微晶强化，即玻璃中均匀分散的微小晶核在热处理中成为晶粒成长的中心，从而制得晶粒细小、均匀的微晶玻璃制品。为了获得细小、均匀的微晶相，需要达到两方面的要求：一是玻璃中形成稳定的晶核；二是晶核的长大及其生长速率的控制。污泥灰组成中含有一定量的 Fe_2O3、FeO 等晶核剂成分，具有一定的促进成核能力，同时 Fe_2O3 在高温时会生成磁铁矿 Fe_3O_4，它也是一个非常有效的晶核剂，很容易得到结晶良好的微晶玻璃。

熔融法微晶玻璃制备工艺流程，如图 4-7 所示。

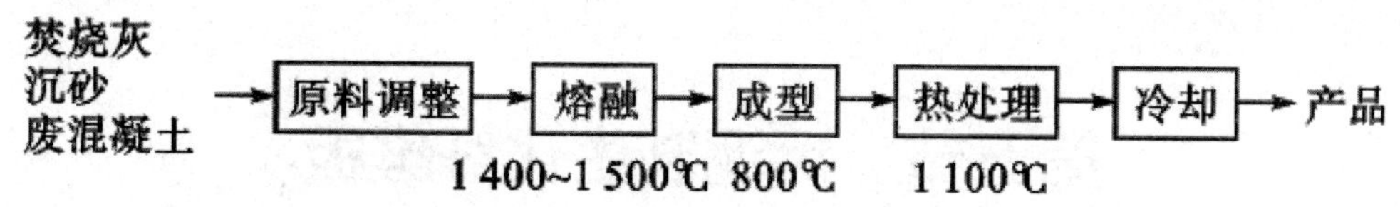

图 4-7　微晶玻璃制备工艺流程

原料调整后熔融温度控制在 1 400℃～1 500℃。熔融物需要放置一定时间，以脱泡和均质，然后注入模具中成型。随着温度的降低生成晶核（FeS），再加热处理，促使晶体成长。热处理后，自然冷却，得到各种形状的微晶玻璃。

（二）微晶玻璃的理化特性

微晶玻璃的物理性能见表 4-11。由表可知，它的性能优于天然大理石。

固体废物的浸出毒性是判别废物是否有害的重要依据，是对固体废物的处理、处置或资源化利用提供技术依据的关键环节，微晶玻璃按标准方法浸出试验结果，见表 4-12。各种重金属的浸出率均达到规定的标准。

表 4-11　污泥微晶玻璃的物理性能

项目	污泥微晶玻璃	天然大理石
抗压强度 /0.1MPa	1670	1200
热膨胀 /10-7·℃ -1	67	80
抗酸性 /%	0.1	10.3
抗酸性 /%	0.18	0.59
吸水性 /%	0.0	0.2

制备微晶玻璃作为污泥灰资源化利用的一种新途径，其产品微晶玻璃对重金属有很好的固化效果。浸出实验表明，利用污泥灰作为主要原料制备的微晶玻璃中，6 种典型重金属的浸出液浓度均大大低于国家标准，其浸出率也较原始污泥灰有大幅度降低，即使在苛刻的条件下，也不会对环境造成危害。

表 4-12　污泥灰和微晶玻璃中典型重金属浸出实验结果（$mg \cdot kg^{-1}$）

项目	浸出量 /$mg \cdot kg^{-1}$		浸出率 /%		浸出液浓度 /mg·L-1		允许浓度 / mg·L-1
	污泥灰	微晶玻璃	污泥灰	微晶玻璃	污泥灰	微晶玻璃	
Cd	58.21	4.6	22.80	1.85	2.94	0.230	50
Pb	42.14	3.3	23.79	2.01	2.11	0.165	3
Zn	452.68	110.39	31.95	8.27	22.60	5.520	50
Cd	8.54	0.72	21.56	2.56	0.45	0.036	0.3
Cr	30.87	0.84	25.84	0.72	1.54	0.042	1.5
As	7.33	0.34	29.17	2.10	0.35	0.017	1.5

第五节　污泥制生化纤维板

一、基本原理

纤维板的生产过程是以植物纤维为原料，通过蒸煮、软化使纤维分离，然后使纤维再絮聚、成型。需要添加胶黏剂以提高纤维间的结合强度。利用污泥取代植物纤维制造中密度纤维板可节约大量植物纤维，并因减少对植物纤维的处理过程，降低能耗。污水污泥中含有大量的有机成分，其中的粗蛋白占质量分数的30%~40%。污泥中的粗蛋白与酶能溶解于水及稀酸、稀碱、中性盐的水溶液。利用蛋白质变性作用，在碱性条件下加热、干燥、加压后，制成污泥树脂（又称蛋白胶），使之与漂白、脱脂处理的废纤维压制成板材，即为污泥生化纤维板。

污水污泥变性反应过程如下：

（一）碱处理

在污水污泥中加入氢氧化钠，蛋白质可在其稀溶液中生成水溶蛋白质钠盐，从而可以延长污泥树脂的活性期，破坏细胞壁，使胞腔内的核酸溶于水，以便去除由核酸引起的臭味，并洗脱污泥中的油脂。反应完成后的黏液不会凝胶，只有在水分蒸发后才能固化。

在污水污泥碱处理过程中，也可以投加氢氧化钙，使蛋白质生成不溶性易凝胶的蛋白质钙盐，以提高污泥树脂的耐水性、胶着力和脱水性能。氢氧化钙投加量越多，凝胶越快。

如果碱液浓度高，则蛋白质不仅溶解，而且会很快按肽键水解。

（二）脱臭处理

污水污泥含有大量的有机物，在堆放过程中，由于微生物的作用，常常散发出恶臭。为了消除恶臭，也为了进一步提高污泥树脂的耐水性与固化速度，可加入少量甲醛，甲醛可与蛋白质反应生成氮次甲基化合物。

污水污泥中蛋白质的变性与凝胶过程，是蛋白质分子逐渐交联增大的过程，在空间结构上形成网格结构。污水污泥中的一些多糖类物质也能起到一定的胶合作用。污水污泥蛋白质凝胶体系的流变特性随网格结构的发展而变化，可由牛顿型流体变为非牛顿型流体。

据测定，20%的污泥树脂溶液等电点为10.55（所谓等电点是指蛋白质正、负电荷相等的pH值），该参数的控制对生化纤维板的制作有重要作用。另外，污水污泥在碱性条件下制成的树脂，有盐析现象产生，容易脱水，不易腐化，且在高温条件下稳定性较好，但树脂溶液增稠后，盐析现象较弱。

二、制造工艺

生化纤维板的制造工艺可分为脱水、树脂调制、纤维填料处理、搅拌、预压成型、热压、裁边等7道工序。

（一）脱水

污水污泥的含水率要求降至85%~90%。

（二）树脂调制

污水污泥树脂调制的方法是：将污水污泥与药品混合，装入反应器搅拌均匀，然后通入水蒸气加热至90℃，反应20min后，再加入石灰，保持90℃条件下反应40min，即成。技术指标为：干物质含量22%左右；蛋白质含量19%~24%；pH值=11。在污泥配方中加入碱液、甲醛、混凝剂（如三氯化铁、硫酸亚铁、聚合氯化铝）能改善凝胶树脂的性能，使其经久耐用、没有臭味、预压成型时容易脱水，必要时，还可加一些硫酸铜以提高除臭效果和加水玻璃以增加树脂的黏滞度与耐水性。药品的配方见表4-13。

表4-13　污水污泥树脂配方（质量比）

配方	污水污泥（干重）	碳酸钠（工业级）	石灰（CaO 70%~80%）	混凝剂			水玻璃（浓度30%）	甲醛（浓度40%）
				三氯化铁	聚合氯化铝	硫酸亚铁		
1	100	8	26	15		4	10.8	5.2
2	100	8	26		43	4	10.8	5.2
3	100	8	26			23	10.8	5.2

（三）纤维填料处理

纤维填料可采用麻纺厂、印染厂、纺织厂的废纤维。为了提高产品质量，应对废纤维进行预处理。

预处理的方法是将废纤维加碱蒸煮去油、去色，使之柔软，蒸煮时间为4h，然后粉碎以使纤维长短一致。预处理的投料质量比为麻：石灰：碳酸钠=1：0.15：0.05。

一般情况下，印染厂、纺织厂的下脚料长短一致，比较清洁，可以不做预处理。

（四）搅拌

将污泥树脂（干重）与纤维按质量比2.2：1混合，搅拌均匀，其含水率为75%~80%。

（五）预压成型

搅拌均匀后，应及时预压成型，以免停放时间过久而使脱水性能降低。预压时，要求在1min内，压力自1.372MPa提高至2.058MPa，并稳定4min后，预压成型，湿板坯的厚度为8.5~9.0mm，含水率为60%~65%。

（六）热压

热压的方法是采用电热升温，使上、下板温度升至160℃，压力为3.43~3.92MPa，稳定时间为3~4min，然后逐渐降至0.49MPa，让蒸汽逸出，并反复2~3次。湿板坯经热压后，水分被蒸发，致使密度增加，机械强度提高，吸水率下降，颜色变浅。如果湿板坯直接自然风干，可制成软质生化纤维板。

（七）裁边

对制成后的生化纤维板实施裁边整理，即可得到成品。

三、生化纤维板的性能

生化纤维板的物理性能与纤维板的比较，见表4-14。

表4-14　生化纤维板与纤维板性能的比较

板名	密度 /kg·m^{-3}	搞折强度 /MPa	吸水率 /%
三级硬质纤维板	≥ 800	≥ 19.6	≤ 35
生化纤维板	1250	17.64~21.56	30
软质纤维板	＜ 350	＞ 1.96	50
软质生化纤维板	600	3.92	70

注：在水中浸泡24h

由表4-14可见，生化纤维板可达到国家标准。

利用污水污泥制造生化纤维板，在技术上是可行的，但在制造的过程中有气味，需要有脱臭措施；板材成品仍有一些气味；板材强度有待提高的问题仍需进一步研究。

四、生化纤维板实例

李志建等利用造纸污泥试验制造中密度纤维板，产品达到国家一级标准。

试验污泥：西安精美纸业脱墨废水处理系统气浮池浮渣。采样污泥含水率为85%。

胶黏剂：脲醛树脂（黏度控制在0.3~0.5Pa·s，固化时间控制在38~48s，pH在8~9）。

添加其他纤维，如玉米秆、麦秆纤维。制备过程：将玉米秆、麦秆切成段、水洗，不加任何药品在 155℃~165℃下蒸煮软化 80min，软化后的纤维，用盘磨进行研磨，磨盘间隙控制在 0.20mm。

工艺优化条件：胶黏剂用量为 13%，热压温度 175℃，热压时间 6min，其他纤维添加量为 12%。

第六节　污泥燃料化

污泥中的有机物约占干重的 50%，因此污泥含有热能（表 1-9），具有燃料价值。干化后污泥可用作发电厂或水泥厂的燃料。污泥燃料化利用是污泥实现减量化、无害化、稳定化和资源化的另一有效方法。

由于污泥的含水率高，污泥的燃料化最主要的步骤是除去污泥中的水分。污泥脱水的方法大致可分为自然干燥、机械脱水和加热脱水。自然干燥占地面积大，花费劳力多，干燥时间长，卫生条件差，这种方法不能再应用。机械脱水法是以过滤介质两面的压力差作为推动力，使污泥水分被强制通过过滤介质，形成滤液，而固体颗粒被截留在介质上，形成滤饼，从而达到脱水的目的。但机械脱水主要脱除污泥中的表面水，脱水率有一定限度，目前，脱水泥饼的含水率一般只能达到 65%~80%。要将污泥中的毛细管水和吸附水脱除，必须采用加热脱水法。污泥加热脱水的方法很多，目前常用的方法有热风干燥、水蒸气干燥和气流干燥。其中水蒸气干燥应用广泛，因为它的热效率高，节省能耗，热源温度低，产生的臭气成分和排气量少。一般要经过机械脱水和热脱水，污泥的含水率才能达到燃料的要求。

一、机械脱水

污泥机械脱水的方法有加压过滤法、离心脱水法、真空过滤法、电渗透脱水法。

（一）加压过滤脱水

利用加压设备（如液压泵或空压机）来增加过滤的推动力，使污泥上形成 4~8MPa 的压力，这种过滤的方式称为加压过滤脱水。加压过滤脱水通常所采用的方式有板框压滤机和带式压滤机。近年来带式压滤机广泛用于污泥脱水。

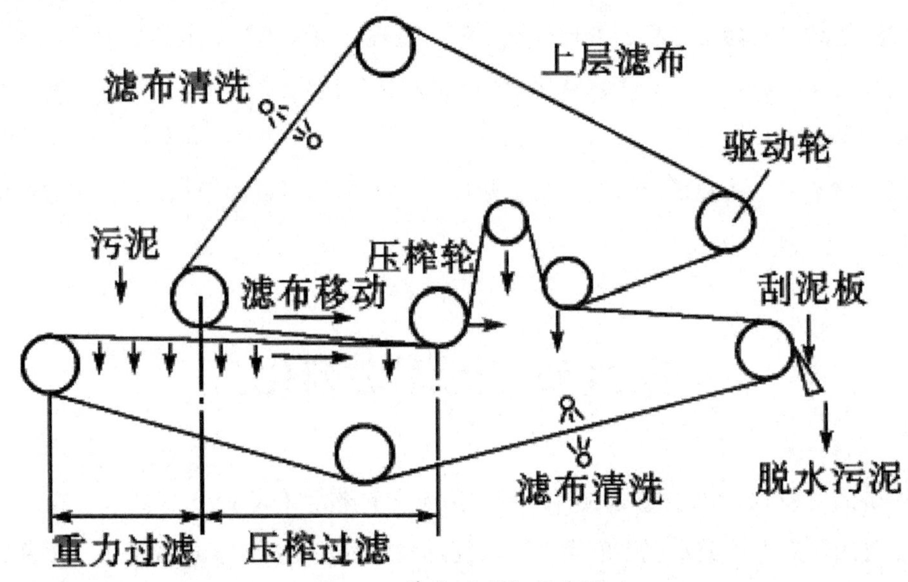

图 4-8　带式压滤机示意图

带式压滤机是利用滤布的张力和压力在滤布上对污泥施加压力使其脱水，并不需要真空或加压设备，其动力消耗少，可以连续操作。典型的带式压滤机示意图见图 4-8。污泥流入连续转动的上、下两块带状滤布后，先通过重力脱去自由水，滤布的张力和轧辊的压力及剪切力，依次作用于夹在两块滤布之间的污泥上而进行脱水。污泥实际上经过重力脱水、压力脱水和剪切脱水三个过程。

刮泥板将脱水泥饼剥离，剥离了泥饼的滤布用喷射水洗刷，防止滤布孔堵塞。冲洗水可以是自来水或不含悬浮物的污水处理厂出水。

带式压滤脱水与真空过滤脱水不同，不使用石灰和 $FeCl_3$ 等药剂，只需投加少量高分子絮凝剂，脱水污泥的含水率可降低到 75%~80%，也不增加泥饼量，脱水污泥仍能保持较高的热值。加压过滤脱水的优点是：过滤效率高，特别是对过滤困难的物料更加明显；脱水滤饼固体含量高；滤液中固体浓度低；节省调质剂；滤饼的剥离简单方便。

（二）离心脱水

污泥离心脱水设备一般采用转筒机械装置。污泥的离心脱水是利用污泥颗粒与水的密度不同，在相同的离心力作用下产生不同的离心加速度，从而导致污泥固液分离，实现脱水的目的。无机药剂和有机药剂都可应用于离心脱水工艺中。随着聚合物技术和离心机设计的进步，聚合物已广泛应用于市政污水污泥的多数离心脱水系统之中。

离心脱水设备的组成有转筒（通常一端渐细）、旋转输送器、覆盖在转筒和输送器上的箱盒、重型铸铁基础、主驱动器和后驱动器。主驱动器驱动转筒；后驱动器则控制传输器速度。转筒和传输器的速度因不同的生产商而不同。转筒机器装置有两种形式，即同向流和反向流。在同向流结构中，固体和液体在同一方向流动，液体被安装在转筒内部排放口去除；在反向流结构中，液体和固体运动方向相反，液体溢流出堰盘。图 4-9 为反向流转筒离心装置示意图。

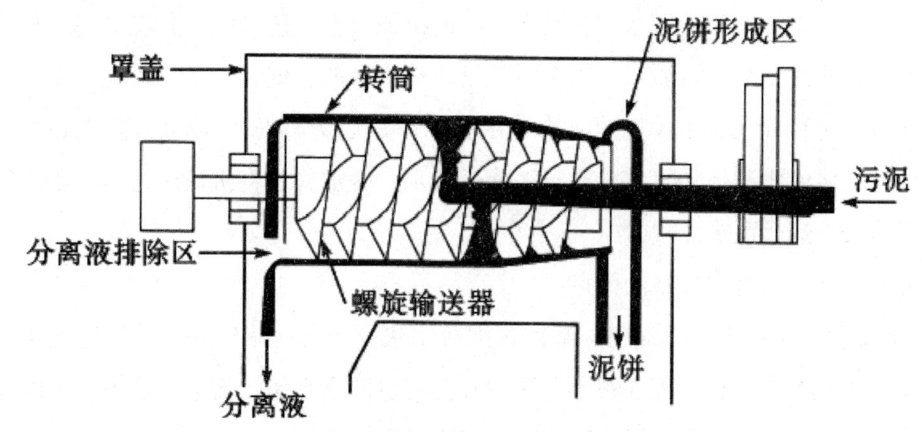

图 4-9　反向流转筒离心装置

离心脱水设备的优点是结构紧凑、附属设备少、臭味少、可长期自动连续运行等。缺点是噪音大、脱水后污泥含水率较高、污泥中沙砾易磨损设备。

（三）真空过滤脱水

真空过滤技术出现在 19 世纪后期，美国 20 世纪 20 年代，就将其应用于市政污泥的脱水。真空过滤是利用抽真空的方法造成过滤介质两侧的压力差，从而产生脱水推动力，进行污泥脱水。其特点是运行平稳、可自动连续生产。主要缺点是附属设备较多、工序较复杂、运行费用高。近年来，由于更加有效的脱水设备的出现，真空过滤脱水技术的应用日趋减少。真空过滤也可用于处理来自石灰软化水过程的石灰污泥。

（四）电渗透脱水

污泥是由亲水性胶体和大颗粒凝聚体组成的非均相体系，具有胶体性质，机械方法只能把表面吸附水和毛细水除去，很难将结合水和间隙水除去。而且机械脱水往往是污泥的压密方向与水的排出方向一致，机械作用使污泥絮体相互靠拢而压密，压力愈大，压密愈甚，堵塞了水分流动的通路。Banon 等采用核磁共振（NMR）的方法，测定了机械脱水污泥泥饼极限含水率为 60%，而该污泥采用压力过滤得到的泥饼实际含水率为 70%~76%。为了节能和提高污泥脱水的彻底性，多年来，研究者致力于脱水技术的研究，通过他们的不懈努力，电渗透脱水技术（ElectroosmoticDewatering，EOD）作为一种新颖的固液分离技术正在逐步发展，并开始被应用。

带电颗粒在电场中运动，或由带电颗粒运动产生电场统称为动电现象。在电场作用下，带电颗粒在分散介质中做定向运动，即液相不动而颗粒运动称为电泳（electonphoresis）；

在电场作用下，带电颗粒固定，分散介质做定向移动称为电渗透（electroosmosis）。根据研究，电渗透脱水可以达到热处理脱水的范围，是目前污泥脱水效果最好的方法之一，脱水效率比一般方法提高 10%~20%。

在实际应用中，电渗透脱水大多是在传统的机械脱水工艺中引入直流电场，利用机械压榨力和电场作用力来进行脱水。因为只经过机械脱水的污泥含水率比较高，所以采用两种方式结合，进行深度脱水，较为成熟的方法有串联式和叠加式。串联式是先将污泥经机械脱水后，再将脱水絮体加直流电进行电渗透脱水；叠加式是将机械压力与电场作用力同时作用于污泥上进行脱水。

电渗透脱水具有许多独特的优点：

（1）脱水控制范围广。对于一般的污泥脱水法，当污泥浓度和性质发生变化时，即使调整压力等机械条件也只能在很小范围内改变泥饼的含水率，而电渗透脱水可以在很宽的范围内，改变电流强度和电压，调整脱水泥饼的含水率。

（2）脱水泥饼性能好。电渗透脱水泥饼含水率低，可达到 50%~60%，对污泥焚烧或堆肥化处理有利。电渗透脱水过程中污泥温度上升，污泥中一部分微生物被杀灭，泥饼安全卫生。

二、加热脱水

污泥中的水分有 4 种存在形式：自由水分、间隙水分、表面水分以及结合水分。污泥加热干燥过程，如图 4-10 所示。自由水分是蒸发速率恒定时去除的水分；间隙水分是蒸发速率第一次下降时期所去除的水分，通常指存在于泥饼颗粒间的毛细管中的水分；表面水分是蒸发速率第二次下降时期所去除的水分，通常指吸附或黏附于固体表面的水分；结合水分是在干燥过程中不能被去除的水分，这部分水一般通过化学力与固体颗粒相结合。

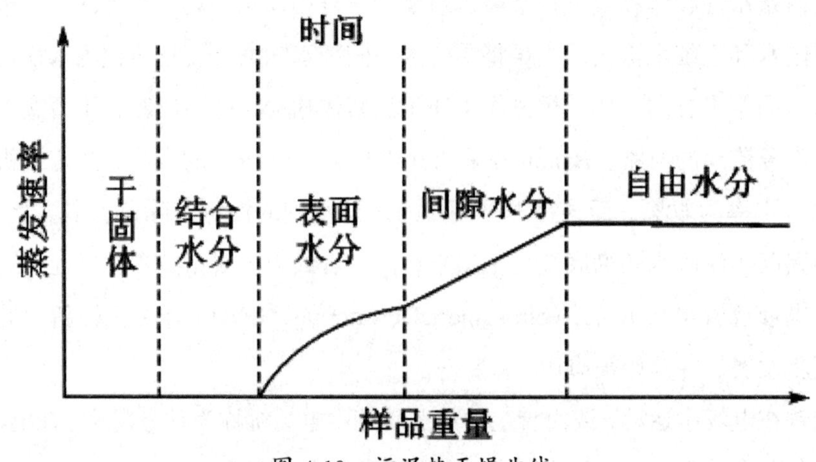

图 4-10　污泥热干燥曲线

（一）污泥干燥基本过程

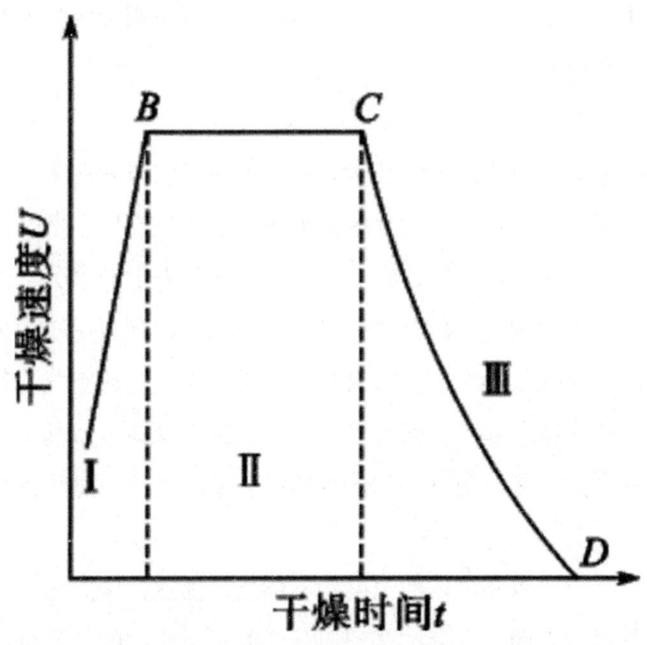

图 4-11　干燥速度曲线图

干燥过程可分为三阶段：第一阶段为物料预热期；第二阶段是恒速干燥阶段；第三阶段是降速阶段，也称物料加热阶段。干燥速度随时间的变化情况，如图 4-11 所示。

1. 预热阶段

这一阶段，主要对湿物料进行预热，同时也有少量水分汽化。物料温度（这里假定物料初始温度比空气温度低）很快升到某一值，并近似等于湿球温度，此时干燥速度也达到某一定值，图中的 B 点。

2. 恒速干燥阶段

此阶段主要特征是空气传给物料的热量全部用来汽化水分，即空气所提供的热全部消耗在水分汽化所需的潜热，物料表面温度一直保持不变，水分则按一定速度汽化，图中的 BC 段。

3. 降速干燥阶段

此阶段空气所提供的热量，只有一小部分用来汽化水分，而大部分用来加热物料，使物料表面温度升高。到达 C 点后，干燥速度降低，物料含水量减少得很缓慢，直到平衡含水量为止。

很明显，上述第二阶段为表面汽化控制阶段，第三阶段为内部扩散控制阶段。

（二）加热干燥工艺

加热干燥的方法有很多种，一般按照热介质是否与污泥相接触分为两类：直接加热干燥技术和间接加热干燥技术。

1. 直接加热干燥技术

直接加热干燥技术又称对流热干燥技术。直接干燥工艺与间接干燥工艺明显不同之处是湿物料与热蒸汽直接接触。在操作过程中，加热介质（热空气、燃气或蒸汽等）与污泥直接接触，加热介质低速流过污泥层，在此过程中吸收污泥中的水分，处理后的干污泥需与热介质进行分离。排出的废气一部分通过热量回收系统回到原系统中再用，剩余的部分经无害化处理后排放。直接干燥工艺，需要相对来说更大量的热空气，其中通常混有可燃烧物质。热量在相邻的热蒸汽和颗粒间传递，这是直接干燥器中最基本的热传递方式。直接干燥工艺系统是一个固—液—蒸汽—加热气体混合系统，这一过程是绝热的，在理想状态下没有热量传递。

在直接加热干燥器中，水和固体的温度均不能超过沸点，较高的蒸汽压可使物料中的水分蒸发。当干燥物料的表面上水分的蒸汽压远远大于空气中的蒸汽分压时，干燥容易进行。随着时间的延长，空气中的蒸汽分压逐渐增大，当二者相等时，物料与干燥介质之间的水分交换过程达到平衡，干燥过程就会停止。

直接加热干燥设备有转鼓干燥器、流化床干燥器、闪蒸干燥器等类型，在众多的干燥器中，转鼓干燥器应用最为广泛，其费用较低，单位效率较高。

但是所有的直接加热干燥器都有共同的缺点：

（1）由于与污泥直接接触，热介质将受到污染，排出的废水和蒸汽需经过无害化处理后才能排放；同时，热介质与干污泥需加以分离，给操作和管理带来一定的麻烦。

（2）所需的热传导介质体积庞大，能量消耗大。

（3）气量控制和臭味控制较难，虽采用空气循环系统可部分消除这一不利影响，但所需费用高。

（4）所有的直接干燥工艺都很复杂，均涉及一系列的物理、化学过程，如热传递过程、物质传递过程、混合、燃烧、传导、分离、蒸发等。

2. 间接加热干燥（传导干燥）技术

在间接加热干燥技术中，热介质并不直接与污泥接触，而是通过热交换器，将热传递给湿污泥，使污泥中的水分得以蒸发，因此在间接加热干燥工艺中，热传导介质可以是可压缩的（如蒸汽），也可以是非压缩的（如液态的热水、热油等）。同时加热介质不会受到污泥的污染，省却了后续的热介质与干污泥分离的过程。干燥过程中蒸发的水分在冷凝器中冷凝，一部分热介质回流到原系统中再利用，以节约能源。

蒸汽、热油、热气体等热传导介质加热金属表面，同时在金属表面上传输湿物料，热量从温度较高的金属表面传递到温度较低的物料颗粒上，颗粒之间也有热量传递，这是在间接加热干燥工艺中最基本的热传递方式。间接干燥系统是一个液—固—气三相系统，整个过程是非绝热的，热量可以从外部不断地加入干燥系统内。在间接干燥系统内，固体和水分都可以被加热到 100℃以上。搅动可以使温度较低的湿颗粒与热表面均匀接触，因而间接加热干燥可获得较高的加热效率，加热均匀。间接加热干燥工艺有以下几个显著特点：由于可利用大部分低压蒸汽凝结后释放出来的潜热，因此热利用效率较高；不易产生二次污染；由于只有少量的气体导入，因此对气体的控制、净化及臭味的控制较为容易；在有爆炸性蒸汽存在时，可免除其着火或爆炸的危险；由干燥而来的粉尘，回收或处理均较为容易；可以使用适当的搅拌，提高干燥效率。

水蒸气干燥法的热效率高，节省能耗，热源温度低，产生的臭气成分和排气量少。污泥多效蒸发干燥是由美国 CARVER-GREEENFIELD 公司开发的，故简称 CG 法。该法有两种操作方法：一是多效式蒸发法，二是多效式机械蒸汽再压缩法。

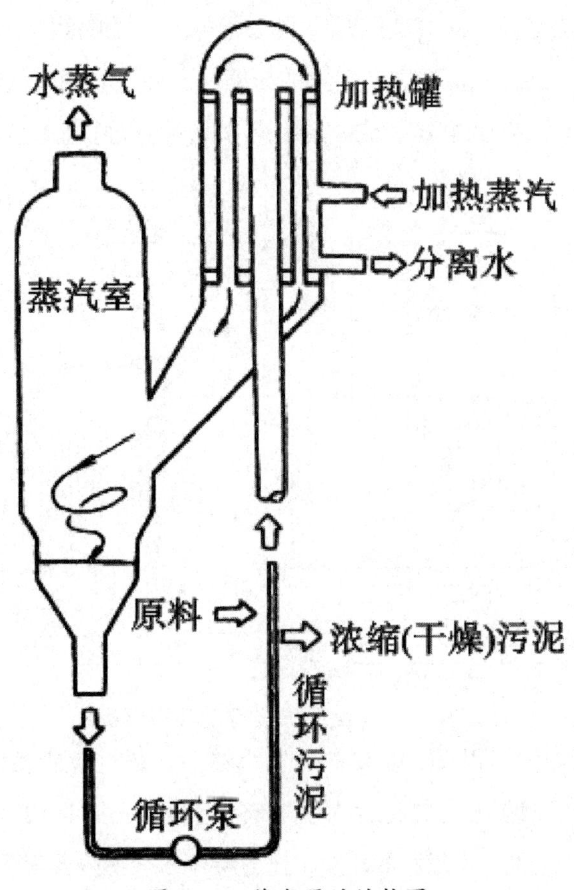

图 4-12　蒸发器的结构图

（1）多效蒸发法。传统的单效蒸发法其蒸发 1kg 水所需要总热量为 4200kJ 以上，如果单采用多效蒸发，每蒸发 1kg 水所需热量为 740~900kJ，多效蒸发与机械蒸汽再压缩同时采用，则蒸发 1kg 水所需热量可以降低到 420kJ。

蒸发器的结构如图 4-12 所示。它主要由加热罐和蒸发室构成，污泥用泵输送到加热罐的最上端，沿传热管呈液膜落下，在此期间被蒸汽充分加热，然后流入真空蒸发室，产生的蒸汽在这里与污泥固体分离。一般由 2~5 个蒸发器串联构成多效蒸发系统，污泥含水率愈高，级数愈多，以尽可能节约能耗，但目前，最多为 5 级串联多效蒸发。

从锅炉产生的蒸汽先进入相邻蒸发器，在这里污泥中水分被蒸发变成蒸汽，蒸汽再依次进入下一个蒸发器，使污泥中的水分蒸发。以 4 级串联多效蒸发系统为例，理论上采用四效蒸发操作 1kg 蒸汽（蒸汽压力 0.3MPa，120℃）可蒸发出 4kg 水分，而单效蒸发器蒸发 1kg 水分需 1.18kg 蒸汽。实际上由于需要将污泥升温，蒸发器壁散热等造成热损失，1kg 蒸汽只能蒸发 3kg 水分，但比单效发器热量利用率大大提高。

（2）多效式机械蒸汽再压缩法。多效式机械蒸汽再压缩法（MVR），如图 4-13 所示。二次蒸汽再压缩蒸发，又称热泵蒸发。在单效蒸发器中，可将二次蒸汽绝热压缩，随后将其返回到蒸发器的加热室。二次蒸汽压缩后温度升高，与污泥液体形成足够的传热温差，故可重新作加热剂用。这样只需补充一定量的压缩功，便可利用二次蒸汽的大量潜热。实践表明，设计合理的蒸汽再压缩蒸发器的能量利用率，可以胜过 3~5 级的多效蒸发器。

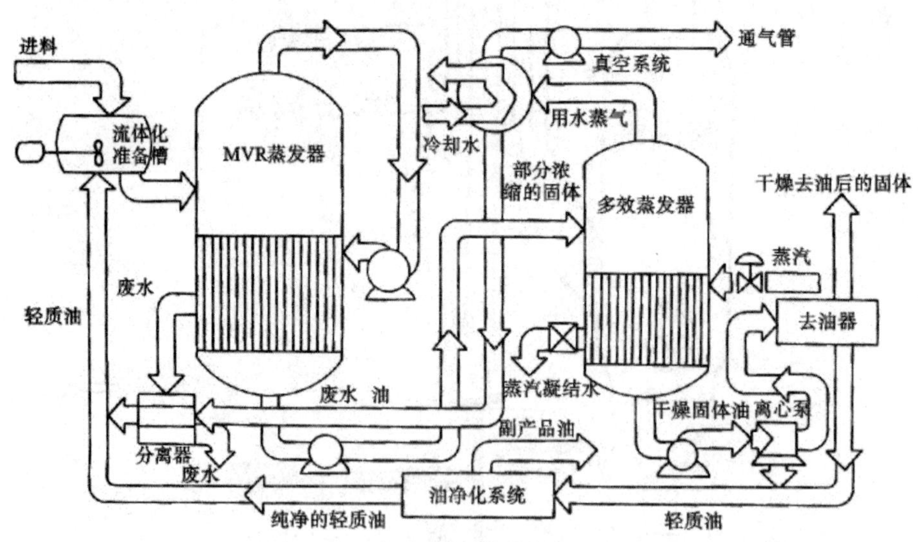

图 4-13　多效式机械蒸汽再压缩法

当欲干燥的污泥含固率很低，需要的蒸发级数多，超过所能控制的范围时，可以采用多效式机械蒸汽再压缩装置。如将含固率 3% 的进料，先用 MVR 法，蒸发到固体含量 50%~70% 的浓度，再送到多效蒸发器蒸发，比直接用多效蒸发器蒸发更经济。

（三）干燥设备

1. 直接干燥设备

（1）旋转干燥器。旋转干燥器又称转鼓干燥器，如图 4-14 所示。具有适当倾斜度的旋转圆筒，圆筒直径 0.3～3m，中心装有搅拌叶片，内侧有提升板。圆筒旋转时，物料被提升到一定高度后落下，物料在下落过程中与前进方向相同（并流）或相反（逆流）的热风接触，水分蒸发而干燥。为了使物料在下落过程充分分散并保持较长时间，综合许多研究结果认为，一般物料投加量占圆筒容积的 8%～12%，转速以 2～8r·min-1 为宜。

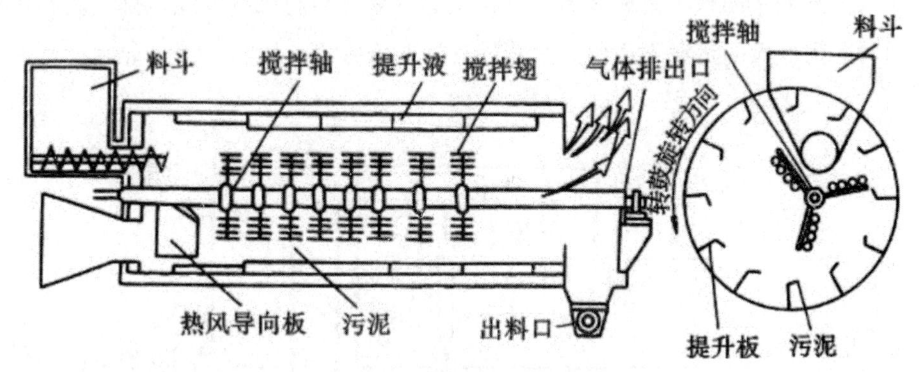

图 4-14　旋转干燥器

旋转干燥器能适应进料污泥水分大幅度波动，操作稳定，处理量大，是长期以来最普遍采用的干燥器。但存在局部过热、污泥黏结在筒壁等问题。

（2）通风旋转干燥器。旋转干燥器的缺点是容积传热系数比较小，为了使物料与热风接触更好，提高容积传热系数，在转筒内又安装了一个带百叶板（导向叶片）的旋转内圆筒，热风通过外圆筒和内圆筒的环状空间（分成多个相隔的空间），从百叶板的间隙透过物料层排出，其结构略比旋转干燥器复杂，如图 4-15 所示。但能耗低，污泥也不易在筒壁上黏结。

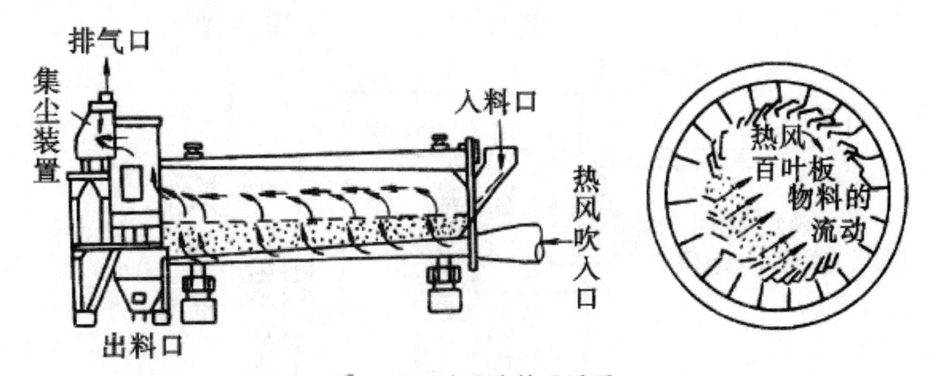

图 4-15　通风旋转干燥器

此外，还有热风带式干燥机、带式流化床干燥器、多段圆盘干燥器、喷雾干燥器、气流干燥器等。

2. 传导加热型干燥装置

污泥干燥着重要求能耗低，并能真正解决臭气问题，使之达到实际应用。传导加热型干燥装置是通过加热面热传导将物料间接加热而干燥的装置，产生的臭气少。目前，常用的有水蒸气管旋转干燥器和高速搅拌槽式干燥器两种。

（1）水蒸气管旋转干燥器。这种干燥器是在旋转的圆筒内设置了许多加热管，管内通入水蒸气，将污泥加热干燥。加热温度比较低，蒸汽中极少含有不凝性气体（漏入的空气），所有热量几乎全部用于干燥，能量消耗低；干燥器及其连接设备等内部留存的空间小，从而大大降低了因粉尘微粒和燃烧气体引起的爆炸与着火的危险，排气量和排出的粉尘少。但对黏附性大的污泥不适用。水蒸气管旋转干燥器，如图 4-16 所示。

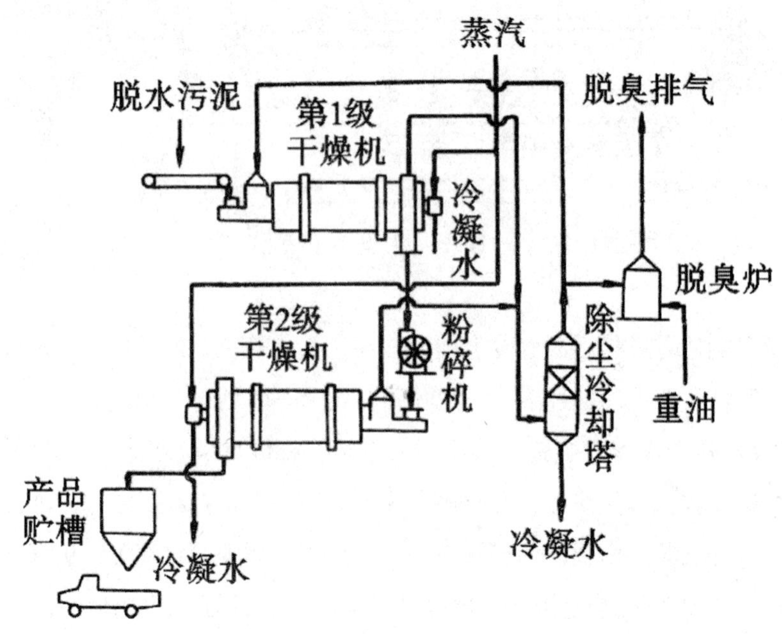

图 4-16　水蒸气管旋转干燥器

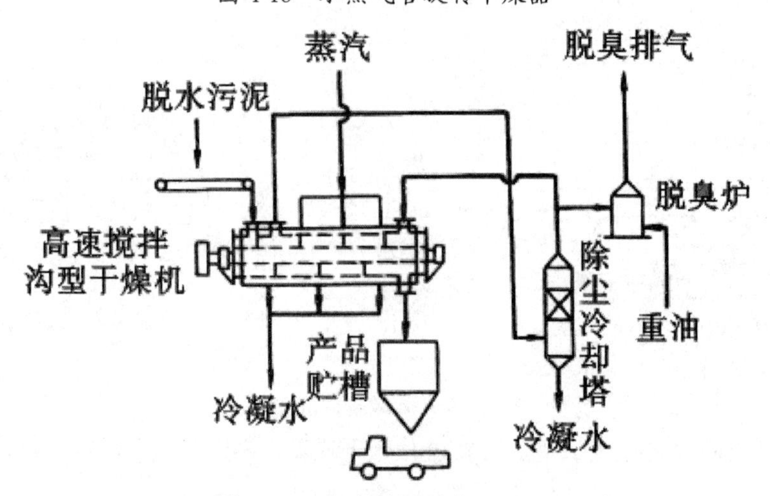

图 4-17　高速搅拌槽式干燥器

（2）高速搅拌槽式干燥器。这种干燥器在带夹套的圆筒内装有桨式搅拌器，使物料沿加热面一边翻滚移动、一边干燥。其结构如图 4-17 所示。因此对黏附性大的污泥适用，而且传热系数大，热效率高，但搅拌消耗的动力大。干燥的污泥成粒状，但也有一部分含水率低的粉状干燥污泥。

（四）污泥干化环保要求

污泥干化厂（场）选址应符合当地城镇建设总体规划和环境保护规划的规定。污泥干化厂（场）应通过环境影响评价，符合当地大气污染防治、水资源保护、自然环境保护政策的要求，热干化厂还应通过环境风险评价。自然干化场与主要居民区及学校、医院等公共设施的卫生防护距离应不小于 1 000m。热干化厂与主要居民区及学校、医院等公共设施的安全防护距离应不小于 500m。

污泥热干化厂应对设备、尾气排放进行净化处理，采取措施防止恶臭污染物无组织排放。

三、污泥燃料化方法

污泥燃料化方法目前有三种：一是污泥能量回收系统，简称 HERS 法（HyperionEnergyRecoverySystem）；二是污泥燃料化法，简称 SF 法（SludgeFuel）；三是污泥直接蒸发法。

（一）HERS 法

HERS 法工艺流程如图 4-18 所示。它是将剩余活性污泥和初沉池污泥分别进行厌氧消化，产生的消化气经过脱硫后，用作发电的燃料。混合消化污泥离心脱水至含水率 80%，加入轻溶剂油，使其变成流动性浆液，送入四效蒸发器蒸发，然后经过脱轻油，变成含水率 2.6%、含油率 0.15% 的污泥燃料。轻油再返回到前端作脱水污泥的流动媒体，污泥燃料燃烧产生的蒸汽一部分用来蒸发干燥污泥，多余蒸汽发电。

HERS 法所用物料是经过机械脱水的消化污泥。污泥干燥采用多效蒸发法，一般的蒸发干燥方法，不能获得能量收益，而采用多效蒸发干燥法可以有能量收益；污泥能量回收采用两种方式，即厌氧消化产生消化气和污泥燃烧产生热能，然后以电力形式回收利用。

（二）SF 法

SF 法工艺流程，如图 4-19 所示。它将未消化的混合污泥经过机械脱水后，加入重油，调制成流动性浆液，送入四效蒸发器蒸发，然后经过脱油，变成含水率约 5%、含油率 10% 以下，热值为 23 027$kJ \cdot kg^{-1}$ 的污泥燃料。重油返回作污泥流动介质重复利用，污泥燃料燃烧产生蒸汽，作污泥干燥的热源和发电，回收能量。

HERS法与SF法不同：一是前者污泥先经过消化，消化气和蒸汽发电相结合，回收能量，后者不经过使污泥热值降低的消化过程，直接将生污泥蒸发干燥制成燃料。二是HERS法使用的污泥流动媒体是轻质溶剂油，黏度低，与含水率80%左右的污泥很难均匀混合，蒸发效率低，而SF法采用的是重油，与脱水污泥混合均匀。三是HERS法轻质溶剂油回收率接近100%，而SF法重油回收率低，流动介质要不断补充。

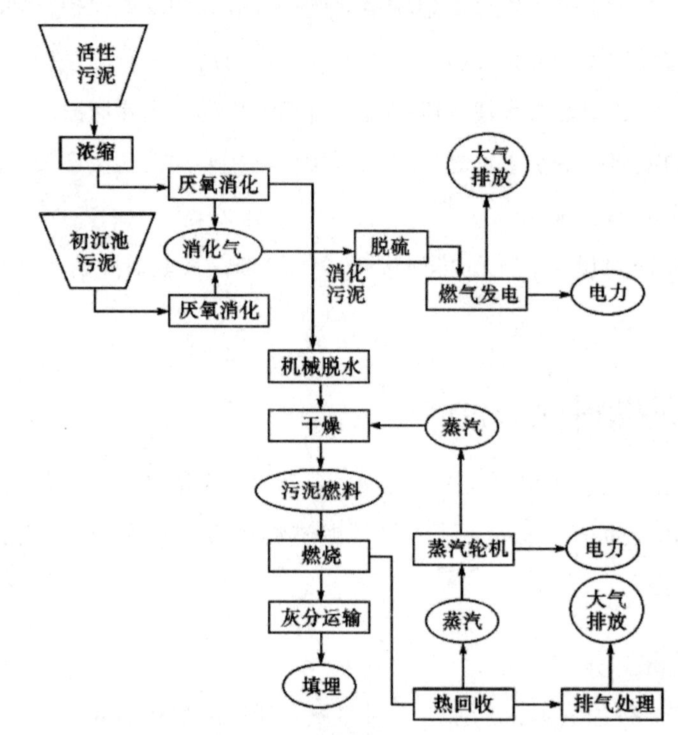

图 4-18 HERS 法工艺流程

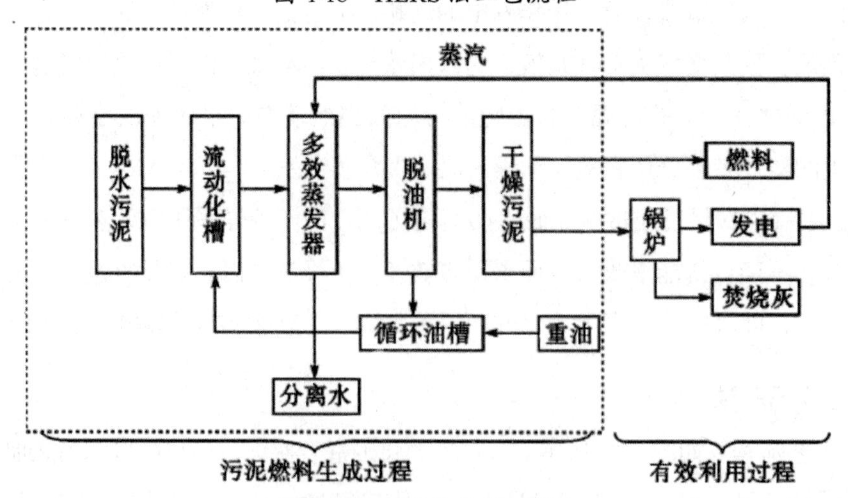

图 4-19 SF 法工艺流程

（三）浓缩污泥直接蒸发法

HERS 法和 SF 法的物料都是机械脱水污泥，但有些污泥其浓缩和脱水性能差，需要投加大量的药剂才能浓缩脱水，操作复杂，运行成本高。日本研制了浓缩污泥直接蒸发法。利用平均含固率 4.5% 的浓缩污泥，加入一定比例的重油，防止水分蒸发后污泥黏结到蒸发器壁上，并始终保持污泥呈流动状态；采用平均蒸发效率为 2.1kg 水·kg^{-1} 蒸汽的三效蒸发器；蒸发后经过离心脱油，重油循环利用，干燥污泥作污泥燃料，燃烧产生蒸汽，作污泥蒸发干燥的热源。浓缩污泥直接蒸发干燥再燃烧，并不是要取得可供外部应用的燃料，而是为了减少将污泥浓缩、脱水再焚烧的能耗。因此，离心脱油的要求低，干燥污泥中残留油分为 40%~50%（干基），以维持锅炉燃烧产生的蒸汽和蒸发干燥所需蒸汽量平衡。

第五章　污泥卫生填埋场设计优化和工程示范

卫生填埋具有建设周期短、投资省、管理方便、运行简单等特点，目前，仍是我国污泥末端处置的最有效方法之一，如上海老港卫生填埋场，目前承担了上海市 70%~80% 污泥的安全处置任务。尽管卫生填埋并非最有效的污泥处置手段，但无论就应急或末端处置角度而言，卫生填埋均不可或缺。污泥卫生填埋是确保城市污水处理厂正常运行、城市市容环境和居民生活健康发展的重要保障之一。迄今为止，我国还没有专用的污泥卫生填埋场，填埋规范和标准亦是空白。污泥卫生填埋仍然处于工程实验阶段，许多工程问题还未得到解决，如污泥含水率高、渗透性低、流动性大、力学性能极差，施工难度较大，渗滤液和填埋气收集管道堵塞严重，收集效率低下。此外，由于填埋作业的不规范，填埋堆体滑坡等次生灾害和二次污染时有发生，污泥的卫生填埋对施工和操作工艺提出了更高要求和更严标准。

因此，研发和优化卫生填埋施工工艺，构建污泥卫生填埋与施工过程规范集成技术体系，是实现污泥卫生填埋安全处置的关键核心。

第一节　填埋气竖井收集系统优化

填埋气体（landfillgas，LFG）是填埋场中的有机物在微生物的作用下降解产生的一种多组分混合气体，主要成分为 CH_4 和 CO_2，其体积百分比分别为 45%~60% 和 40%~60% 等。属于可燃性气体，具有易爆性，当 CH_4 在爆炸极限范围内（体积浓度 5%~15%）极易发生爆炸危险；并且，其温室效应的作用是 CO_2 的 21~22 倍。另外，填埋气中含有的其他有害成分，如 H_2S、硫醇、氨、苯等，也会对人和其他生物产生危害。但 CH_4 气体作为填埋气的主要成分有很高的热值，集中收集净化后可作为再生能源加以利用。因此，设置集气井对填埋气有规则的导排，不仅可以防止填埋气的不规则迁移对周边环境造成的危害，而且可以杜绝爆炸等危险，还能对能源有效地回收。

尽管有关生活垃圾填埋场填埋气收集系统的优化研究颇多，还是因污泥与垃圾本身较大的特性差异（如白龙港化学污泥在 50~100kPa 下的渗透系数为 $1.21 \times 10^{-7} \sim 2.07 \times 10^{-8}$cm/s，而垃圾在 10 — 8~10 — 5m²/Pa/s 之间）而不宜简单引用。目前，有关污泥填埋气集气井优化方面的研究还鲜有报道。因此，本书通过对污泥填埋场集气井收集系统进行优化研究，确定污泥满足填埋的最小渗透系数、集气井有效服务半径和抽气负压随时间的变化规律以及填埋气经济的收集年限，为污泥卫生填埋场和集气井的优化研究提供科学依据和理论指导。

一、简易模型构建

（一）竖井抽气条件下填埋气压力分布简易模型分析

污泥填埋堆体可看成一种各向同性的多孔介质，故填埋气在堆体中的迁移运动，可近似认为符合多空介质的流体力学理论。另外，竖井抽气系统因其结构简单、收集效率高而被广泛应用于生活垃圾填埋场的填埋气收集。因此，本书拟以一级动力学模型和 Darcy 定律为理论依据，建立集气井抽气条件下的污泥填埋气一维压力分布简易模型，并进一步确定竖井抽气系统的最佳影响半径。

模型构建的假定条件：

①填埋场面积足够大，其边界不会对抽气效果产生影响，井中气压都等于抽气压力，无穷远处填埋场内的相对压强为 ΔP（填埋场内部的相对压强），填埋场内部竖直方向不存在压力梯度；

②填埋垃圾体内部产气速率达到稳定；

③集气井定流量抽气，经过一段时间后，抽气系统达到稳定状态，即抽气量与影响半径内的污泥产气量达到动态平衡；

④抽气井周边的填埋气等流速分布，且在进入集气井时的径向流速达到最大值；

⑤填埋气在堆体内的迁移速度随距抽气井中心距离的增加符合一级动力学衰减规律和 Darcy 定律；

⑥填埋气以抽气井中心为坐标原点建立直角坐标系。填埋气竖井抽气系统，如图 5-1 所示。

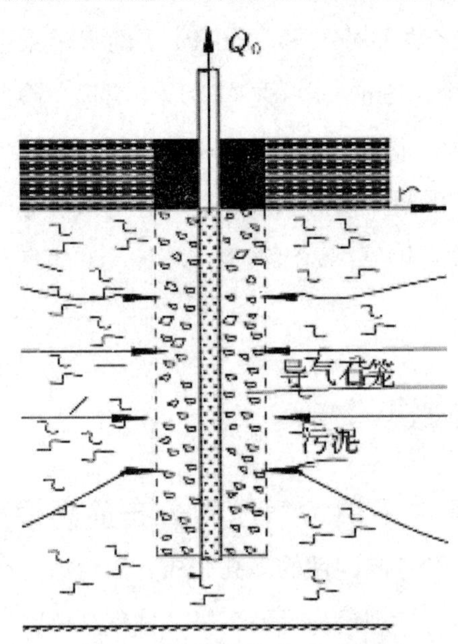

图 5-1　竖井抽气系统示意图

由上述假设条件可知，在负压抽气条件下，填埋气在向集气井迁移的过程中，井周等流速分布，且随半径的增加流动通量近似符合一级动力学衰减规律：

$$V = V_0 \times e^{-k(r-\frac{D}{2})} \tag{5-1}$$

式中，V 为填埋气进入抽气井时的迁移速度，m/s；V0 为填埋气进入集气井时的径向最大流速，m/s；r 为填埋气距集气井中心的距离，m；k 为填埋气的衰减系数；D 为集气井直径，m。

$$V = K_h \times \frac{dp}{dr} \tag{5-2}$$

由多孔介质流体力学理论可知，流速通量随 r 的增加亦符合 Darcy 定律：式中，Kh 为城市污泥水平方向的渗透系数（以下简称渗透系数），m^2（Pa·s）− 1；dp/dr 为集气井周边沿水平方向填埋气的压力梯度，Pa/m。

联立上述两式，可建立竖井抽气条件下填埋气压力分布的简易模型，如下：

$$V_0 \times e^{-k(r-\frac{D}{2})} = K_h \times \frac{dp}{dr} \tag{5-3}$$

边界条件：

$$\lim_{r \to +\infty} p(r) = \Delta p + p_0 \tag{5-4}$$

$$\lim_{r \to \frac{D}{2}} p(r) = p_0 - p_{chou} \tag{5-5}$$

$$V_0 = Q / (\pi \times D \times H) \tag{5-6}$$

式中，Δp 为填埋场内部无穷远处的相对压强，Pa；p_0 为大气压强，Pa；p_{chou} 为集气竖井内的抽气负压，Pa; Q 为集气竖井的抽气流量，m^3/s; D 为竖井直径，m; H 为井深，m。

在满足边界条件下，对方程式（9-3）求解，且令 $\Delta p + p_0 = p_a$，$\Delta p + p_{chou} = p_d$，则方程组的解可表达为：

$$p(r) = p_a - p_b \times c^{-\frac{Q}{K_{ji} \times p_d (\pi \times D \times H)}(r - \frac{D}{2})} \tag{5-7}$$

（二）竖井填埋气收集负荷核算

抽气井影响半径（radiusofinfluence，R_{oi}）是填埋气收集系统的重要设计参数，它是指抽气井收集填埋气的最大作用范围，在该范围以内，填埋气都向抽气井运动而被收集［355］。当抽气流量稳定后，在抽气井的作用范围内污泥产气和抽气达到平衡，并认为影响半径不随填埋深度而变化。则抽气量可以近似表示为：

$$Q - \pi \times R_{oi}^2 \times h \times v_{填埋气产率} \tag{5-8}$$ [360]

式中，R_{oi} 为影响半径，m；h 为竖井埋深，m；ν 为填埋气产率，kg/（m^3/a）。

二、结果与讨论

利用已建立的抽气条件下填埋气压力分布模型，对污泥填埋气竖井收集系统进行系统优化设计研究。污泥组成及卫生填埋的相关参数，见表 5-1 所示。

表 5-1　污泥组成及卫生填埋的相关参数

参数	污泥有机物组成（易降解）
污泥组成比例，Am（kg/kg）	0.45
污泥有机物的平均密度 ρ 有机物	$450kg/m^3$
填埋深度 h	9m
填埋气温度 T	308.15K
CH_4 气体密度 ρCH_4	$0.6344kg/m^3$
水平渗透系数 Kh	$1.04 \times 10\text{-}7m^2$（pa·s）-1
CII_4 气体体积比 ηCH_4	55%
抽气井直径 D	20cm
抽气井井长 H	7.2m

续表

参数	污泥有机物组成（易降解）	
污泥含固率 P2	36%	
污泥密度 ρ w2（含水率 64%）	1.163kg/L	
α mTCH$_4$（干重计）	动力学模型	《IPCC 指南》
	13.3kg/m³/ 年	11.1kg/m³/ 年

注：a 为抽气井井长 H 取填埋深度 h 的 80%，即 H ＝ h × 80% ＝ 9 × 80% ＝ 7.2m

（一）渗透系数对竖井影响半径的影响

渗透系数的不同会对集气井的服务半径产生很大的影响，首先，通过对不同渗透系数在一定的抽气压范围对服务半径的影响分析，确定污泥填埋时合适的渗透系数。取渗透系数 Kh1 ： Kh2 ： Kh3 ： Kh4 为 10 ： 2.5 ： 1.25 ： 1 进行研究，如表 5-2。

表 5-2 污泥的渗透系数（m²（pa·s）— 1）

Kh1	Kh2	Kh3	Kh4
1.04 × 107	2.6 × 108	1.3 × 108	1.04 × 108

结合式（9 — 4）及表 9 — 1 的相关参数，可确定影响半径 R_{oi} 时的抽气量为：

$$Q=\pi\times R_{oi}^{2}\times h\times\left[\frac{a_{TCH_4}^{m}\times P_{w2}\times\rho_{w1}\times A_{m}}{\rho_{有机物}\times\rho_{CH_4}\times\eta_{CH_4}}\right] \quad (5\text{-}9)$$

$$=0.787R_{oi}^{2}L/\min$$

将式（9 — 5）代入式（9 — 3）并对其关于 r 求导得：

$$\frac{dp(r)}{dr}=\left(\frac{2.9\times10^{5}(3r^{2}-0.02r)}{K_h}\right)\times c^{-\frac{2.9\times10^{-5}r^{2}}{K_h\times p_d}(r-0.01)} \quad (5\text{-}10)$$

根据有关研究结果，在影响半径处（r= R_{oi} ）的压力梯度为 dp/dr 为 0.5~1.20Pa/m。取 dp/dr ＝ 0.8Pa/m 时，p_d ＝ Δp ＋ pchou、影响半径 R_{oi} 与渗透系数的分析结果如图 5-2 所示。其中，Δp 较 p_{chou} 小的多，可认为 $p_d\approx p_{chou}$。由于有关污泥竖井抽气系统优化设计的研究鲜为报道，因此，本项目以垃圾填埋场填埋气主动收集系统所需的负压（2.5~25kPa）为参考依据，而污泥渗透系数一般较垃圾的小，故所需抽气负压会较大；但过大的负压不仅不利于提高收集效率，还可能将空气引入填埋场内部，抑制厌氧型甲烷菌的活性，同时，也会将污泥吸入导气石笼，致使其堵塞。故在此基础上，适当增加抽气负压取值，取 p_d 值取 25~30kPa 之间。

根据式（5 — 5）及表 5-2 进行数值模拟，计算不同渗透系数和影响半径下的抽气负压，计算结果如图 5-2。经分析可知，p_d 对污泥渗透系数 Kh 的变化十分敏感，Kh 的减少在相同抽气负压下集气井的服务半径急剧减少。p_d 在 25~30kPa 之间时，渗透系数为 Kh1 时，集气井的服务半径 R_{oi} 在 10~11.5m 之间；而在 Kh2 时的服务半径只有 6~8m，减少了将近

1倍；在Kh4时的服务半径更小，只有5~6m，可见过小的Kh会严重影响集气井的集气效率。同样，在一定范围的服务半径 R_{oi} 时，对于不同的渗透系数抽气负压的范围也相去甚远，其中，以Kh4时最大，Kh3次之，而Kh1最小。

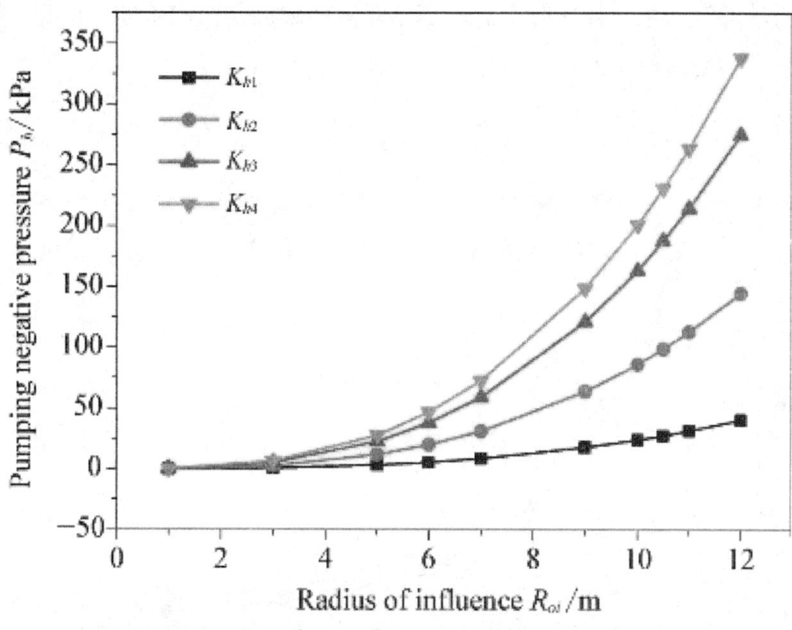

图 5-2　抽气负压、影响半径与渗透系数关系

可见，抽气负压和污泥渗透性是影响集气井影响半径的两大重要因素。提高抽气负压可以有效地提高影响半径，但过高的负压会产生很多问题；而提高污泥渗透性，如降低含水率、添加改性剂等，不仅可以有效地提高收集系统的服务半径，还可降低能耗，增强污泥的强度，提高填埋作业的安全性。

因此，污泥填埋时其渗透系数不应小于10 — 8m²/（Pa·s）；这样在填埋初期，抽气负压pb取25~30kPa时，集气井的服务半径 R_{oi} 可达到10~11.5m。

（二）抽气负压随填埋时间的变化预测

随着填埋时间的增加，污泥中有机质的不断消耗，填埋气产量的不断减少，在污泥稳定化过程的不同时期，所需抽气负压也将会发生很大变化，如不及时对抽气系统做合理的调整，不仅会影响抽气效率、提高能耗、增加操作成本，还有可能造成收集井的堵塞，导致整个填埋气收集系统无法正常运行。

本书以朱英对污泥填埋气产率随时间变化规律的研究为基础，结合式（9 — 6）对抽气负压随产气量的变化进行模拟计算（图 5-3），结果发现：在渗透系数为Kh1（1.04×10⁻⁷m²/（Pa·s））、服务半径 R_{oi} 为10m时，抽气负压随填埋时间的增加整体成指数减少，在起初的8年内，抽气负压随时间的减小幅度较大，在第8年，即从起初的25kPa降低到

5kPa 以下，这主要是由于污泥中有机质的大量消耗，填埋气产气速率的快速减少所致；从第 8 年起，所需抽气负压变得较小，且随时间的变化幅度较为缓和，到第 20 年时接近零，这是因为在此阶段污泥矿化度已经很高，填埋气产率较起初小得多，最后时，接近完全矿化，几乎没有填埋气产生。而实际上，随填埋时间的增加，污泥不断地矿化，其渗透性能也较填埋时变大，实际所需的抽气负压也会较理论值要小。

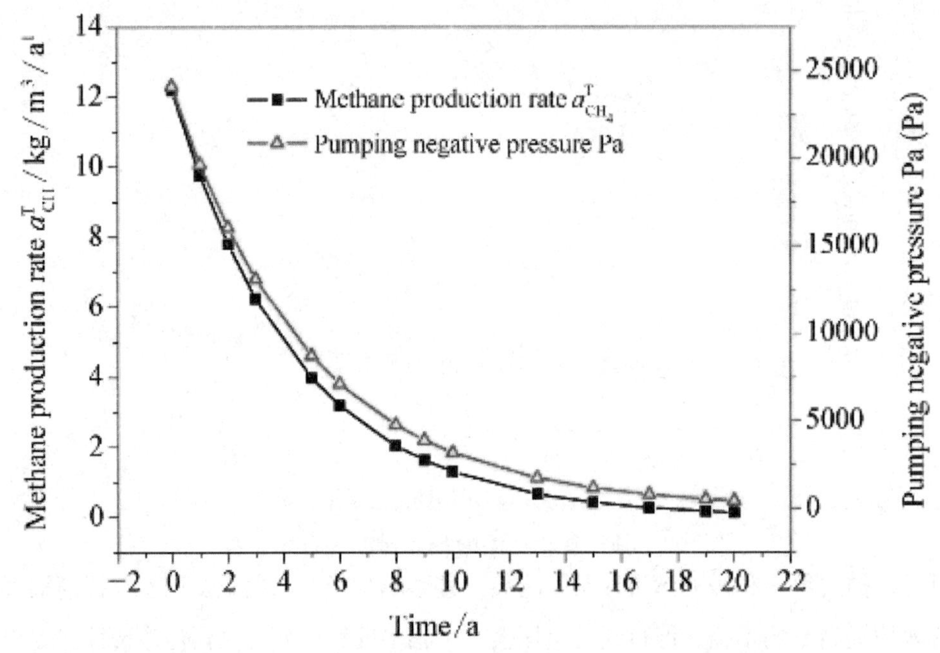

图 5-3　甲烷产气速率、抽气负压随时间的变化关系图

另外，从图 9 — 3 亦可看出，在起初的 8 年内，填埋气产气速率随时间快速减少，但总体产气率较高，平均甲烷产气速率在 5kg/（m^3·a）以上；而从第 8 年起，甲烷产气速率随时间变化较为缓和，但总体产气速率较小，如第 8 年时就降为约 2kg/（m^3·a），到第 20 年时几乎为零。因此，从经济、效益和谐统一的角度来看，从第 8 年起，对填埋气继续进行收集意义不大。

第二节　卫生填埋示范工程的设计与施工

一、设计说明

在上海老港卫生填埋场 46 #～47 #和 55 #单元构建的规模 20 000m^3 的污泥生物反应器示范工程（图 5-4），以规范污泥固化和改性填埋过程的控制条件和设备配置，形成卫生填埋安全处置操作规范，为污泥卫生填埋与资源化再利用提供重要的工程技术参数。

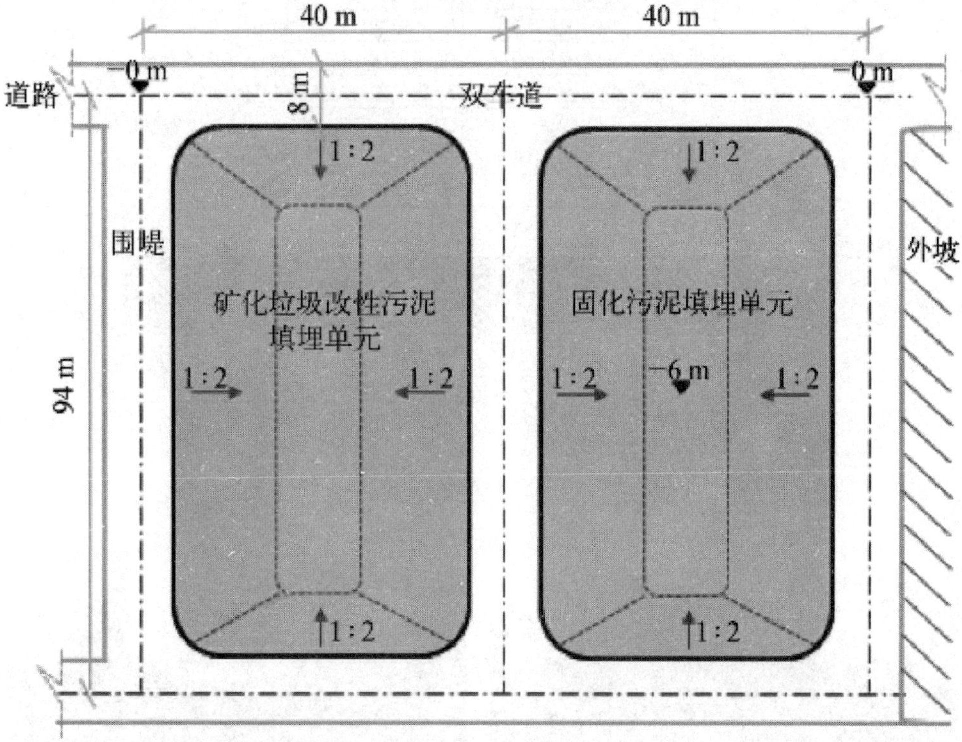

图 5-4　示范工程总平面布置图

二、填埋库区防渗系统设计

（一）底层防渗系统

（1）填埋库区场地以≥ 2% 的坡度坡向垃圾坝，并用推土机和压实机对其进行推铺压实，形成压实密度≥ 93% 的压实层（压实层可以为矿化垃圾或黏土层）。

（2）压实层上方为人工复合防渗层（图 5-5），其自下向上构成依次为：膜下防渗保护层（400g/m^2 针刺短丝土工布）、主防渗层（厚度 1.5mm、幅宽≥ 6.5m）的单糙面 HDPE 土工膜（HDPE 土工膜应焊接牢固，达到强度和防渗漏要求）、膜上保护层（600g/m^2 针刺长丝土工布）、渗滤液导流层（粒径为 16~32mm、厚度 300mm 的砾石层）、渗滤液防堵层（厚度为 500mm 的矿化垃圾）以及反滤层（200g/m^2 机织长丝土工布）。

（3）防渗结构层中的砾石应按设计级配进行施工，并不得含有大的长、尖、硬物体，以免穿透保护层，损坏防渗膜。同时，砾石中不能含有泥土等杂物。

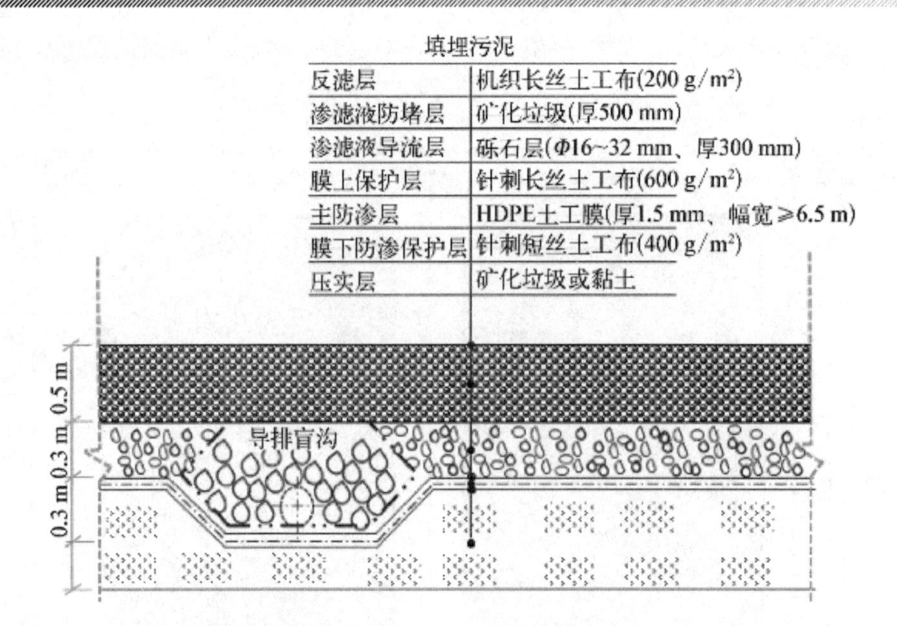

图 5-5　污泥卫生填埋场底面防渗系统

（4）土工材料的施工遵照《聚乙烯（PE）土工膜防渗工程技术规范》（SL/T231—98）、《土工合成材料应用技术规范》（GB50290—98）执行。

（二）边坡防渗系统

（1）填埋库区四周边坡坡度均设为 1 ∶ 2，铺设防渗层之间需对边坡进行推铺压实，形成压实密度≥ 93% 的压实黏土（垃圾）层（构建底面）。

（2）压实垃圾层上方铺设边坡防渗层，其构造结构自下向上依次为（图 5-6）：膜下防渗保护层（400g/m² 针刺短丝土工布）、主防渗层（厚度 1.5mm、幅宽≥ 6.5m 的光面 HDPE 土工膜；HDPE 土工膜铺设时应焊接牢固，达到强度和防渗漏要求）和膜上保护兼排水层（5mm 厚 HDPE 复合土工排水网格）。

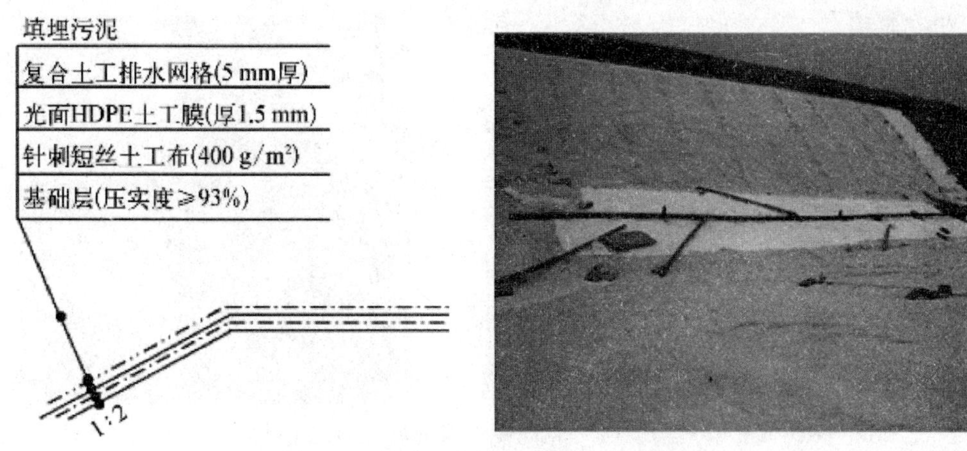

图 5-6　污泥卫生填埋场坡面防渗系统

（3）底面与坡面防渗系统须进行焊接、搭接，连接处按坡面防渗层在上、底面防渗层在下的原则进行；HDPE 土工膜焊接沿坡面方向进行，焊接点必须位于坡脚 1.5m 范围外（图 5-7）。

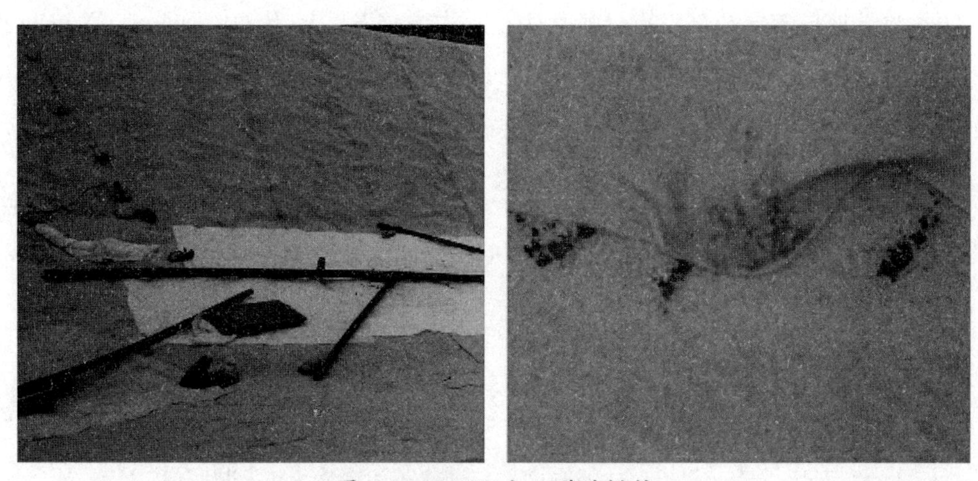

图 5-7　HDPE 土工膜的搭接

（4）填埋库区四周边沿 1.2m 处设置边坡防渗锚固平台（推荐采用矩形槽覆土锚固法），锚固沟深、宽均为 0.8m；坡面防渗层在锚固沟中固定并用黏土或矿化垃圾填铺、压实（图 5-8）。

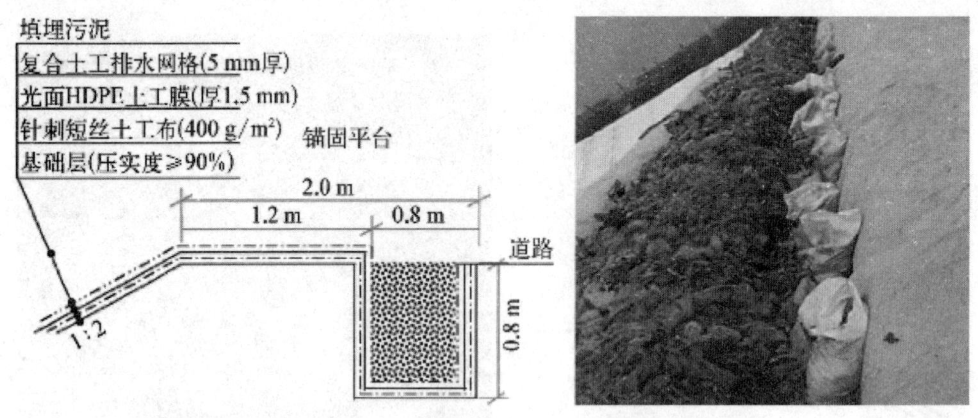

图 5-8　边坡防渗系统的锚固

（三）渗滤液收集系统

（1）渗滤液收集及处理系统包括导流层、盲沟、渗滤液收集斜井、渗滤液提升泵、积液池、调节池、泵房、渗滤液处理设施等。

（2）渗滤液导流层局部设有导排盲沟，盲沟内碎石粒径为 32~100mm，并按上细下粗的原则进行铺设；导排盲沟中铺设 Φ225mm 多孔 HDPE 渗滤液收集管，表面轴向开孔间距为 150mm，开孔位置应交错分布；收集干管和支管采用斜三通连接，管道采用对插法连接；收集管道和盲沟碎石层表面采用反滤土工布（200g/m² 机织土工布）包裹（图 5-9）。

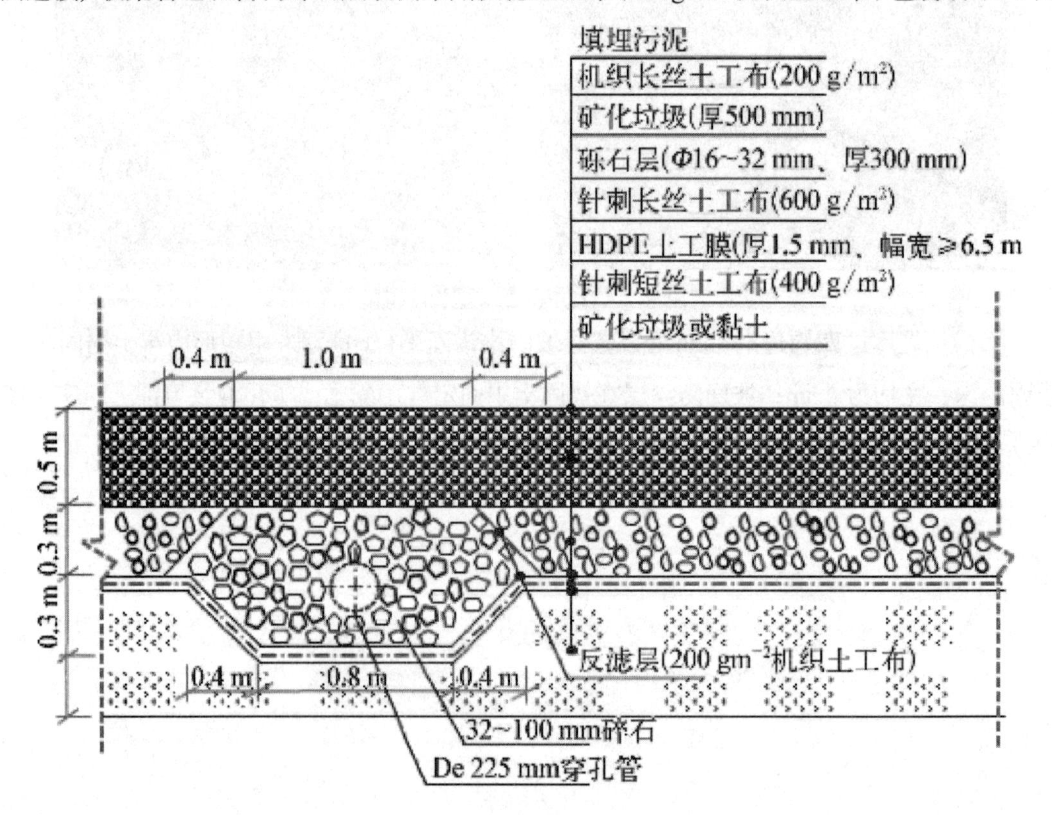

图 5-9　渗滤液导排盲沟

图 5-10　渗滤液收集斜井

（3）渗滤液收集斜井（图 5-10）（Φ600mm 的 HDPE 实壁管，SN12.5）位于库区底面坡度较低的一端，斜井沿坡面铺设并与盲沟相通，渗滤液收集干管与斜井焊接连通；斜井底部安装渗滤液提升泵，渗滤液经提升泵，由 Φ63mm 加强弹性软管越过垃圾主坝，进入积液池，提升泵用钢丝、尼龙绳沿斜井固定；渗滤液收集斜井上方设置玻璃钢密封盖用于填埋气的收集，井盖厚度为 38mm，尺寸 1 500mm × 1 000mm。渗滤液收集斜井上方设置玻璃钢密封盖，收集的填埋气体，通过导排软管输送到总气体收集井，用于沼气发电。

三、填埋气导排与收集系统设计

（1）填埋气导气竖井采用穿孔导气管居中的石笼，导气管管底与渗滤液收集干管相连通，管顶露出改性污泥覆盖层表面 1.0m。导气竖井由里到外依次为：Φ160mm 的 HDPE 穿孔花管，0.64m 厚的级配碎石填埋气导排层（Φ40~50mm 的碎石层，Φ25~30mm 的碎石层，Φ10~20mm 的碎石层），钢丝格网，200g/m² 机织土工布，0.3m 厚的矿化垃圾（或建筑垃圾）保护层和 200g/m² 机织土工布。竖井抽气系统剖面图，见图 5-11 所示。

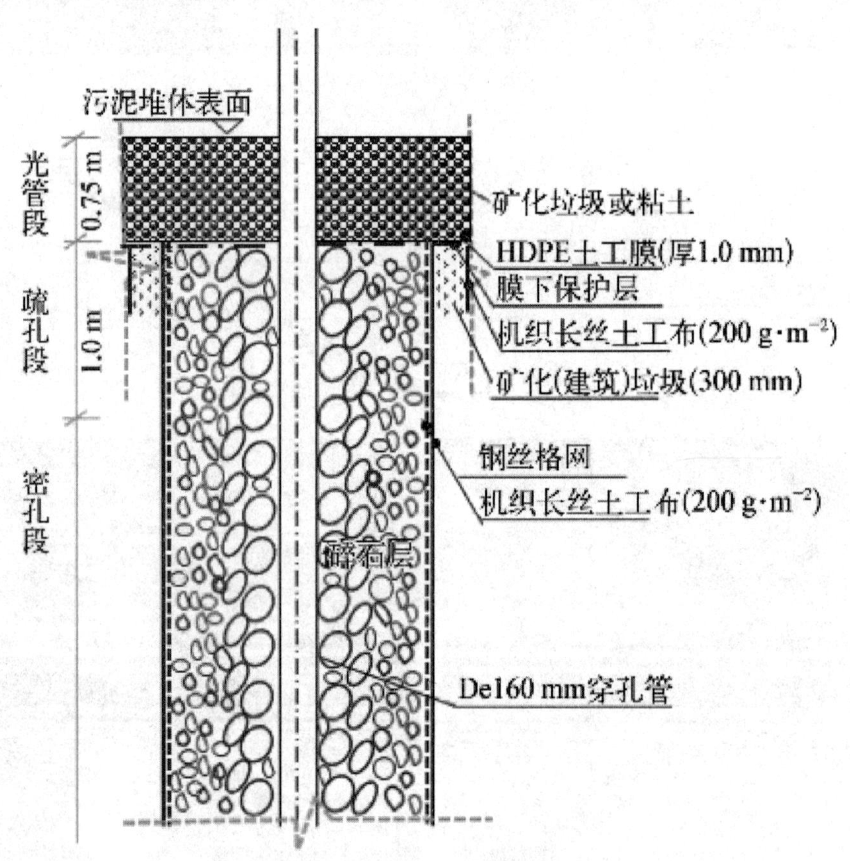

图 5-11　竖井抽气系统剖面图

（2）导气石笼顶部按照封场覆盖设计结构，依次铺设黏土层、光面 HDPE 防渗膜和覆盖土层；HDPE 土工膜与穿孔管通过挤压焊接方式搭接（图 5-12）。

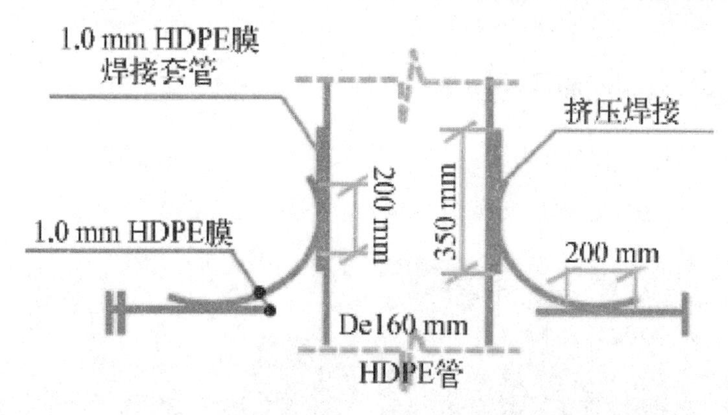

图 5-12 HDPE 土工膜与穿孔管搭接详图

（3）每个污泥填埋库区设置 3 个导气竖井，导气井间距为 20~25m（见第一节）；各导气竖井出气口由 Φ63mm 的水平软管相互连通后，集中输送至总气体收集井，再通过 Φ160mm 的 HDPE 集气干管，送至填埋气发电区；填埋气导气井出口和集气干管应安装阀门和甲烷检测端口。竖井抽气系统实物图，如图 5-13 所示。

图 5-13 竖井抽气系统实物图

四、填埋作业施工过程

（1）填埋采用单元、分层作业，填埋单元作业工序应为卸车、分层摊铺、压实，达到规定高度后，进行覆盖、再压实（图 5-14）。

5-14　改性污泥的卸车、摊铺和压实

（2）每层改性污泥摊铺厚度不宜超过 60cm，且宜从作业单元的边坡底部到顶部摊铺，平面排水坡度应控制在 2% 左右。

（3）卫生填埋开始时，应先沿填埋库区轴线，筑一条供推土机摊铺污泥的作业平台，填埋作业平台（图 5-15）上须铺设防滑钢板路基箱；作业开始后，推土机沿作业平台向两边库区摊铺改性污泥。

图 5-15　填埋作业平台

（4）填埋气导气石笼周边摊铺污泥时，其周边须用脚架固定，推土机应从石笼四周摊铺污泥，直至填埋作业完成（图 5-16）。

图 5-16　竖井抽气系统周边的填埋作业

（5）每一单元污泥作业堆高宜为 3~4m，最高不得超过 5m。

（6）每一单元作业完成后，应进行覆盖，覆盖层厚度宜根据覆盖材料确定，土覆盖层厚度宜为 20~25cm。

（7）填埋场填埋作业达到设计标高后，应及时进行封场和生态环境恢复。

五、封场覆盖系统设计

（1）填埋场封场设计，应考虑地表径流、排水防渗、填埋气收集与发电、植被类型、填埋场的稳定性以及土地利用等因素。

（2）封场覆盖系统自下向上依次为：0.3m 厚的黏土（或矿化垃圾）层（其中可设置水平导气沟）、200g/m² 机织土工布的膜下保护层、1.0mm 厚 HDPE 土工膜以及 0.75m 厚的覆盖土层（图 5-17 至图 5-18）。

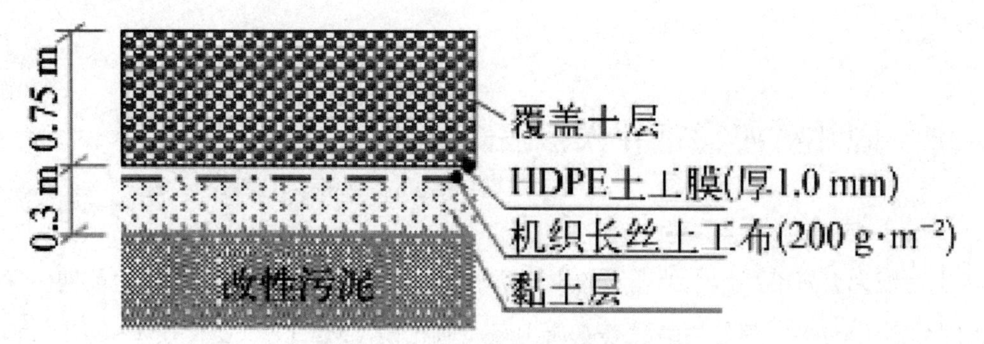

图 5-17　填埋场封场覆盖系统

图 5-18　填埋场封场覆盖系统实物图

第三节　改性污泥稳定化进程研究

一、固化污泥稳定化模拟追踪试验

（一）试验内容与设计

脱水污泥为上海市某污水处理厂的压滤脱水污泥。固化驱水剂采用课题组前期研发的 Mg 系固化剂（M1），其是由氧化镁基质（轻质氧化镁（MgO）、氯化镁（$MgCl_2$）和改性剂（磷酸、SiO_2 等）按照一定比例配制而成的气硬性胶凝材料。

取湿污泥约（400 ± 1.0）g，分别加入 0wt.%、1wt.%、2wt.%、3wt.%、5wt.% 和 10wt.% 的 Mg 系固化剂混合搅拌均匀，并放置于体积为 1L 的小型反应器中密封后（图 5-19），于 37℃恒温室中进行稳定化追踪试验，以考察不同固化剂投加量，对污泥稳定化进程的影响。气体体积的测量采用排水集气法，集气瓶内的水为饱和食盐水。

（二）Mg 系固化剂投加量对 pH 值的影响

不同 Mg 系固化剂投加量下，污泥厌氧稳定化 1d 和 35d 的 pH 值变化，如图 5-20 所示。改性污泥第 1 天的 pH 值总体随着固化剂投加量的增加而增加，最高达到 12.35。厌氧消化 35d 时，污泥的 pH 值与其起初值出现不同程度的差异，投加量为 0wt.% 和 1wt.% 时，pH 值出现小幅度增加，最终维持在 9.11 ± 0.03 范围之内；投加量为 2wt.% 和 3wt.% 时，pH 值却由第 1 天的 9.60 ± 0.18 降至第 35 天的 9.08 ± 0.04；但此时，投添加量高于 5wt.% 的污泥，其 pH 值并未发生显著变化，基本维持在原来较高的 pH 水平（10.0~13.0），这不仅会严重制约污泥中厌氧微生物的活性，甚至会导致其失活。

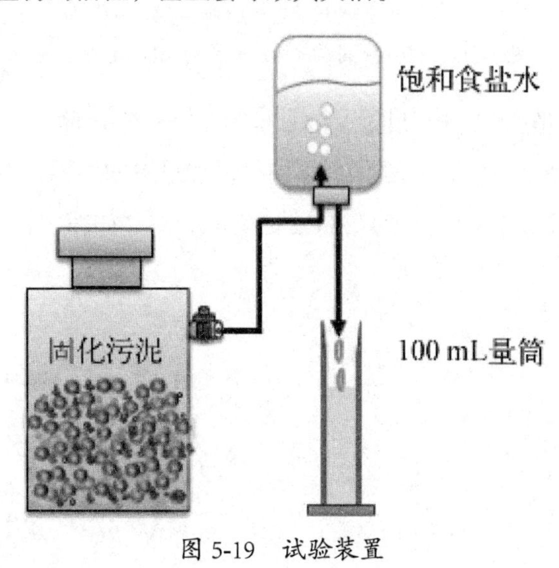

图 5-19　试验装置

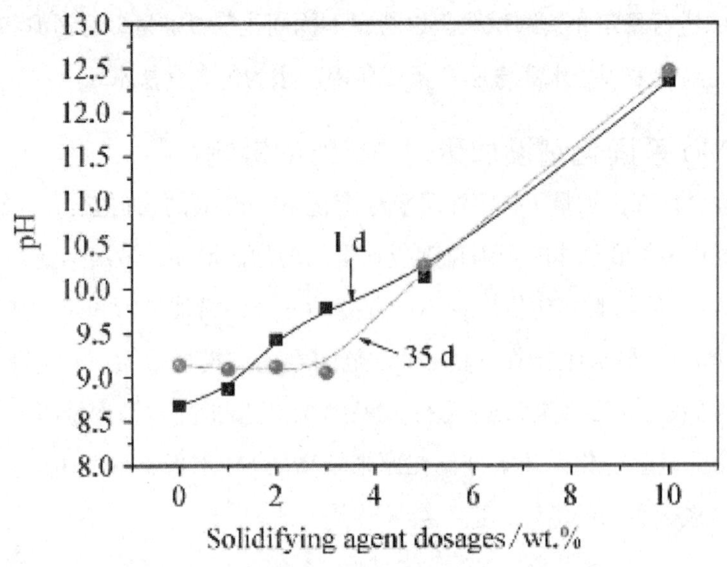

图 5-20　Mg 系固化剂投加量对 pH 值的影响

（三）Mg 系固化剂投加量对填埋气组成的影响

在 37℃恒温条件下，对 Mg 系固化剂不同投添加量下的污泥，进行厌氧稳定化追踪试验，固化剂对污泥填埋气中 CH_4、CO_2 和 O2 浓度的影响，如图 5-21 所示。

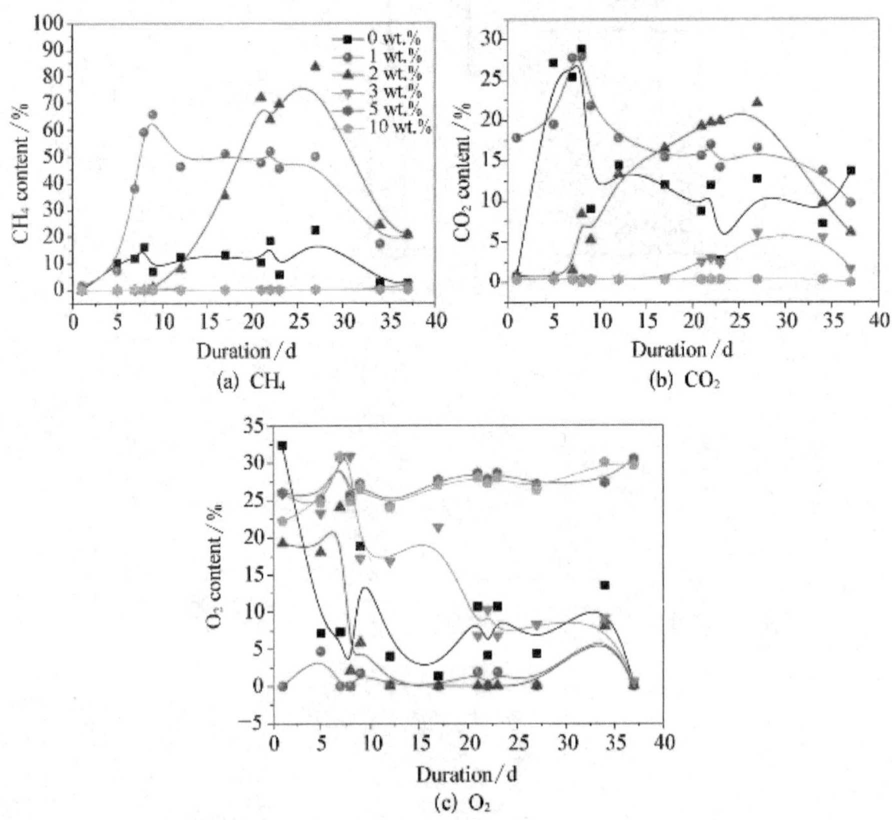

图 5-21　不同固化剂投加量下填埋气的 CH_4（a）、CO2（b）和 O2（c）浓度

Mg 固化剂投加量为 1wt.% 和 2wt.% 时，对污泥厌氧稳定化具有明显的促进作用，从第 5 天起，投加量 1wt.% 的污泥其 CH_4 浓度迅速增加，在第 10 天达到最高，约为 64.75%，随后出现小幅度减少，在此后的 20d 时间内并一直维持在 50% 左右，CH_4 浓度的小幅降低可能是由于污泥 pH 值的升高使产甲烷菌的活性受抑制所致（图 5-20）；投加量为 2wt.% 的污泥在初期产气出现了明显延滞，从第 12 天起 CH_4 浓度才开始有轻微增加，较高剂量 Mg 系固化剂的投加会导致污泥 pH 值升高和产甲烷菌活性受到抑制，从而引起厌氧稳定化进程滞后；但随着厌氧稳定化的进行，挥发性脂肪酸的形成部分缓和了固化剂造成的碱性环境，使污泥 pH 值维持在产甲烷菌的适宜范围，产甲烷菌便从最初的适应期，进入了旺盛生长期，此时 CH_4 浓度也随之升高，并在 20～30d 出现 80% 左右高峰期；而纯污泥的 CH_4 浓度并不理想，在整个检测过程中，基本维持在 15% 左右；相比之下，3wt.%、5wt.% 和 10wt.% 剂量下的污泥在整个厌氧消化过程中，几乎未检测到 CH_4 气体的存在，这可以解释为高剂量固化剂的加入，使污泥初始 pH 值迅速增加，形成了不利于产甲烷菌生存的高 pH 环境，从而导致其生长受到抑制甚至失活。

同时，低浓度 O_2（图 5-21（c））也表明，1wt.% 和 2wt.% 的 Mg 系固化剂的添加，可以加快污泥进入厌氧状态的速度，从而为产甲烷菌的生长提供了早期良好的厌氧环境。而 3wt.%、5wt.% 和 10wt.% 剂量对产甲烷菌的高度抑制作用，导致其几乎无填埋气产生（图 5-22），因此整个检测过程中，O_2 浓度始终维持在较高的水平，这相反也对产甲烷菌的生长产生了不利的影响。

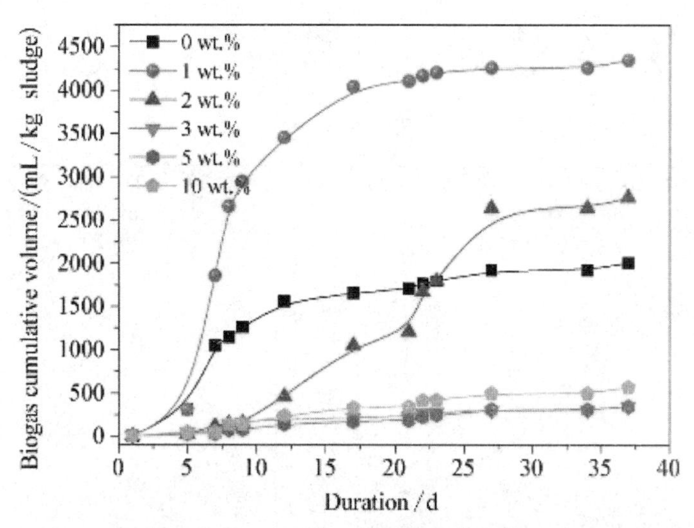

图 5-22　Mg 系固化剂投加量对污泥累积产气量的影响

另外，由图 9 — 22 可以知，1wt.% 和 2wt.% 的 Mg 系固化剂的投加，明显增强了污泥的产气速率，在第 35 天时其累积产气量分别达到了 4 253.75mL/kg 污泥和 2 640mL/kg 污泥，而纯污泥的累积产气量仅为 1 922.5mL/kg 污泥，不足投加量为 1wt.% 时累积产气量的 1/2。由此可见，低剂量 Mg 系固化剂的投加，可以有效加快污泥厌氧稳定化进程，提高其产 CH_4 速率，增加产气量。

（四）热重分析（TG）

图 5-23 给出了不同厌氧稳定化时期的污泥热解曲线，可以看出，随着稳定化时间的推移，不同 Mg 系固化剂投加量下污泥有机物的降解程度有显著的差异，其中投加量为 1wt.% 时有机物降解速度最快，由于小分子有机物被微生物快速降解，固化污泥第 35 天在 150℃~400℃的热解曲线较第 1 天明显结束得早；随着热解温度的增加，污泥中大分子有机物开始热解，第 1 天的热解曲线明显较第 35 天下降迅速，这表明经过 35d 的厌氧稳定化，污泥中部分大分子有机物已为微生物所降解；当热解温度上升至 700℃时，热解残渣也相应从起初 41.67wt.% 增加到第 35 天的 48.87wt.%。而 Mg 系固化剂投加量为 2wt.% 的污泥其稳定化速率慢于前者，其仅有部分大分子有机物得到降解。随着固化剂投加量的进一步增加，污泥中有机物的降解速率明显减少，当投加量增至 3wt.% 时，第 1 和第 35 天的热解曲线几乎重合，表明有机物在整个厌氧消化过程中，几乎未被微生物所利用。可见，当 Mg 系固化剂投加量＜ 3wt.% 时，其对污泥稳定化具有明显的促进作用，而＞ 3wt.% 时，则会对产甲烷菌的生长繁殖和 CH_4 气体的产生产生严重阻碍。

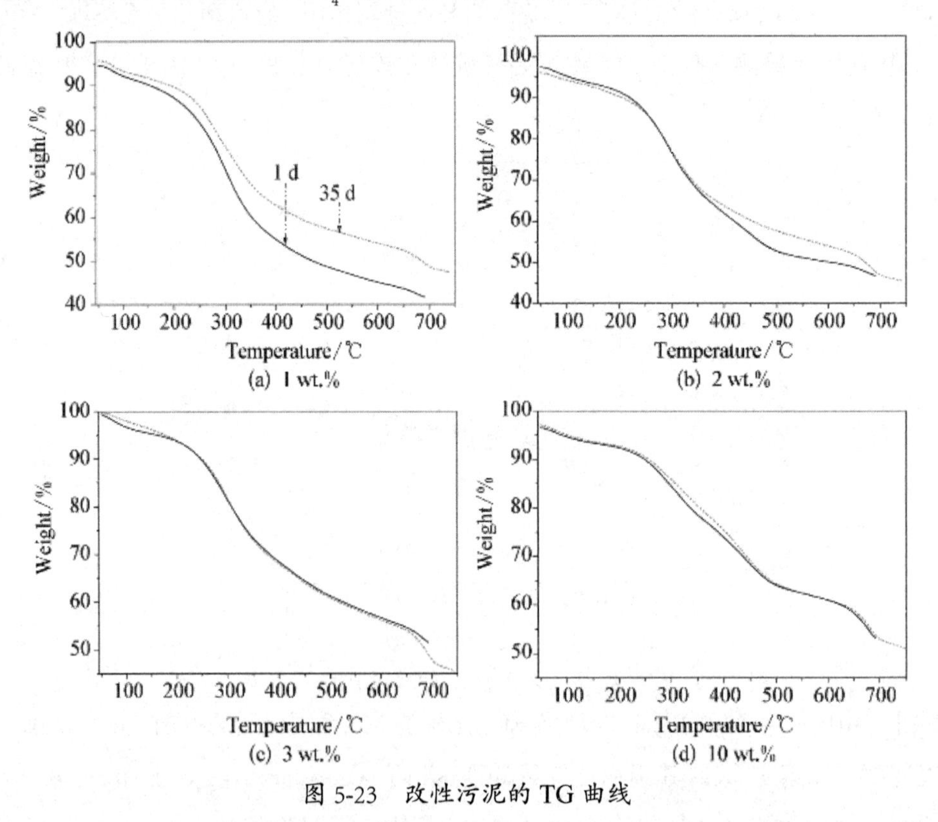

图 5-23 改性污泥的 TG 曲线

（五）元素分析

不同 Mg 系固化剂投加量下污泥的元素组成变化，如表 5-3 所示。C、N 和 H 等元素经过 35d 的厌氧稳定化后，均出现了不同程度的降低，其降解率如图 5-24 所示。其中，Mg 系固化剂投加量为 1wt.% 的污泥降解速率最快，在第 35 天时 C、N 和 H 的降解率分别达 10.92%、16.52% 和 14.69%，这与投加量 1wt.% 的污泥第 1 天和 35 天的热解曲线产生较大的偏离相一致（图 5-23），也进一步证明 Mg 系固化剂投加量 1wt.% 的污泥中，碳氢化合物较其他添加量下发生了大幅的降解；其次是投加量为 2wt.% 时，C、N 和 H 的降解率分别为 5.57%、19.34% 和 10.66%；纯污泥中 C、N 和 H 的降解率相对较差，分别为 5.16%、16.92% 和 5.45%，其中，C 和 H 的降解率仅为固化剂投加量 1wt.% 时的 30.49% 和 37.08%。而固化剂投加量大于 3wt.% 时，固化污泥均表现出了较差的可降解性，其中投加量为 10wt.% 时的降解率最低，C、N 和 H 降解率分别为 0%、1.38% 和 0%。

表 5-3　不同固化剂投加量下污泥的元素组成变化

时间	样品	N/wt.%	C/wt.%	H/wt.%	S/wt.%
1d	纯污泥（0wt.%）	6.153	32.370	5.617	0.959
	1wt.% Mg 系	5.364	31.230	5.507	0.877
	2wt.% Mg 系	4.706	29.450	5.028	0.805
	3wt.% Mg 系	4.943	30.880	5.210	0.830
	5wt.% Mg 系	4.431	27.150	4.571	0.747
	10wt.% Mg 系	3.559	22.520	3.972	0.624
35d	纯污泥（0wt.%）	5.112	30.700	5.311	1.079
	1wt.% Mg 系	4.478	27.820	4.698	0.978
	2wt.% Mg 系	3.796	27.810	4.492	0.894
	3wt.% Mg 系	4.638	29.060	4.791	0.727
	5wt.% Mg 系	3.780	27.460	4.415	0.837
	10wt.% Mg 系	3.510	23.130	4.093	0.642

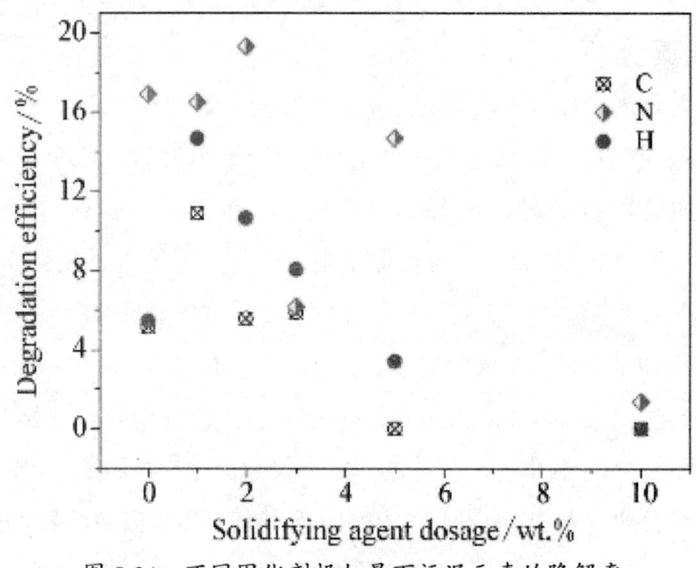

图 5-24　不同固化剂投加量下污泥元素的降解率

二、改性污泥卫生填埋工程示范与稳定化过程研究

实验室小试可按照研究者的实验设计，更好地控制试验条件，研究污泥降解过程中的各种定量关系。污泥降解是一个缓慢和复杂的过程，影响因素繁多，实验室模拟难以实现所有的现场实际条件，因此，该示范工程的建设，不仅有利于进一步深入优化和验证试验参数，同时，亦有利于深入了解大型填埋场降解规律。

（一）示范工程简介

示范工程周边环境，见图 5-25 所示。固化/稳定化污泥卫生填埋中试为在上海老港卫生填埋场 46 #～47 #单元和 55 #单元构建的规模 20 000m^3 的改性污泥生物反应器装置，中试装置构造见图 5-26。该工程由两个相互独立的填埋单元 1 #和 2 #组成，其中 1 #库区为矿化垃圾改性污泥填埋单元（矿化垃圾/污泥比为 1 ： 1）、2 #库区为固化污泥填埋单元（Mg 系固化剂添加量为污泥湿重的 10wt.%），两填埋单元之间采用垃圾坝隔开，堤坝上口宽约 1m。填埋单元平均深 6m，底部坡度为 2%，边坡坡度为 1 ： 2，单元上口尺寸为 80m × 40m，底部尺寸为 56m × 16m。填埋单元底部和四壁铺设 HDPE 防渗膜，膜上下铺设土工布保护层，确保 HDPE 防渗膜在施工中不被扎破。

图 5-25　示范工程周边环境

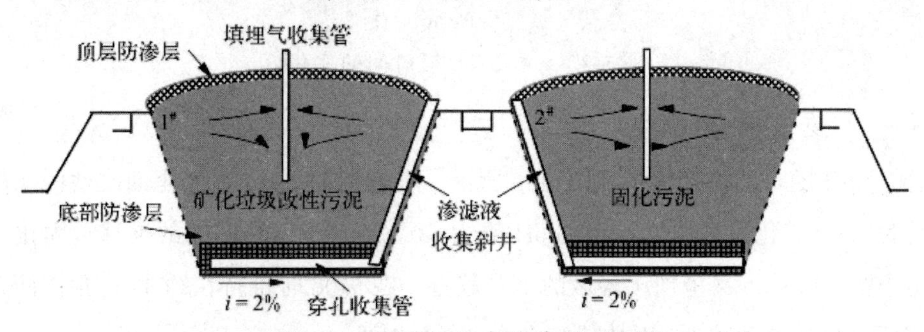

图 5-26　老港污泥中试装置示意图

渗滤液导流层局部设有导排盲沟，盲沟内碎石粒径为 32~100mm，并按上细下粗的原则进行铺设；导排盲沟中铺设 Φ225mm 多孔 PVC 穿孔收集管，表面轴向开孔间距为 150mm，开孔交错分布；收集干管和支管采用斜三通连接，管道采用对插法连接。渗滤液的收集导排采用渗滤液收集斜井（Φ600mmHDPE 实壁管，SN12.5），收集斜井位于库区底面坡度较低的一端，沿坡面铺设并与盲沟相通，渗滤液收集干管与斜井焊接连通；斜井底部安装渗滤液提升泵，渗滤液经提升泵，由 Φ63mm 加强弹性软管越过垃圾主坝，进入积液池，提升泵用钢丝、尼龙绳沿斜井固定。

（二）污泥 VS 的变化

污泥 VS 随时间的变化关系，如图 5-27 所示。可以看出，稳定化初期 Mg 系固化剂改性污泥的 VS 明显高于矿化垃圾改性污泥，50~150d 为秋冬季节，气温较低，改性污泥的降解缓慢，污泥 VS 分别维持在 23.5wt.% 和 28.5wt.%。随着气温的回升，从 250d 起两者的降解速率均明显上升，在 310d 矿化垃圾改性污泥和固化污泥的 VS 分别降至 20.0wt.% 和 26.2wt.%，Mg 系固化剂改性污泥的降解速率明显低于矿化垃圾改性污泥。Mg 系固化剂将污泥有机物包裹禁锢在水化晶体内部，因此污泥稳定化进程受到一定程度影响。

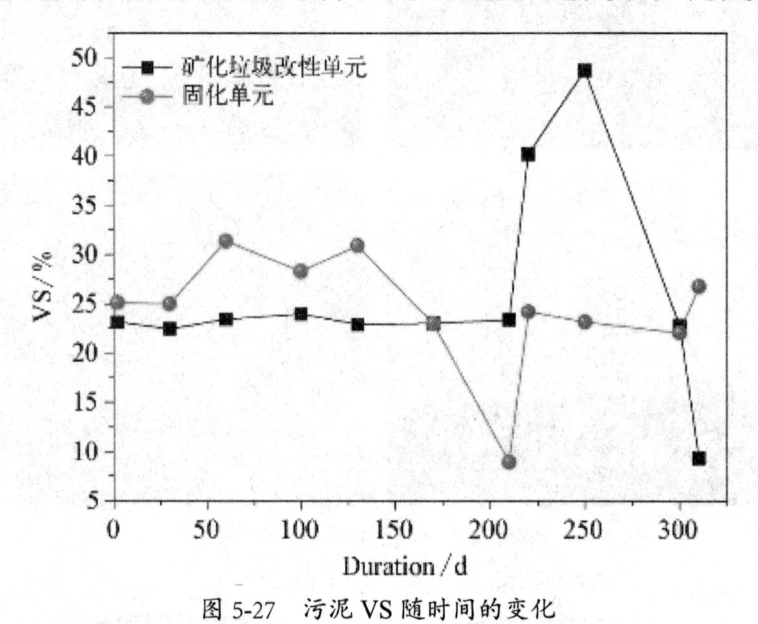

图 5-27　污泥 VS 随时间的变化

（三）渗滤液 pH 的变化

渗滤液 pH 随时间的变化，如图 5-28 所示。填埋初期，Mg 系固化剂改性污泥的初始 pH 值约为 8.8，矿化垃圾改性污泥的 pH 值约 8.0。随着稳定化时间的推移，固化单元的 pH 经历小幅下降后，又呈现出轻微的上升趋势，在 310d 时维持在约 8.4，相比而言，矿化填埋单元的 pH 波动较小，基本维持在 7.4~8.0 之间。

产甲烷菌 pH 值的适应范围通常在 6.6~7.5 之间，矿化垃圾改性可为污泥稳定化创造较好的 pH 环境；而以 Mg 系固化剂为改性剂时，改性污泥的初始 pH 值偏高，维持在 8.0~8.4 之间，但在酸化阶段，污泥 pH 值明显下降，在 200d 后出现小幅上升，可能是有机氮化合物在氨化微生物的脱氨基作用下产生的氨，对一部分酸产生的中和作用；另外，Mg 系固化剂在填埋场内部厌氧环境的长期作用下发生解脱，这可能也是导致 pH 反弹的主要原因。

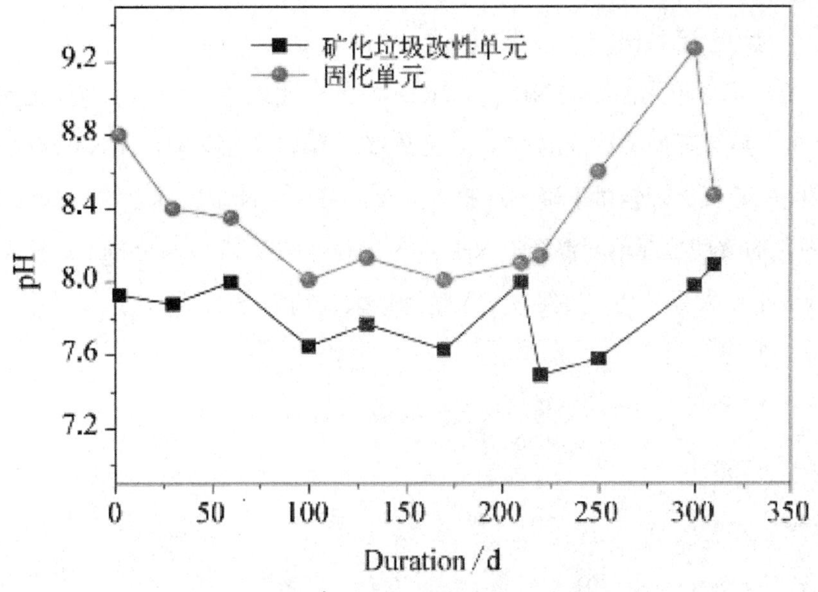

图 5-28　渗沥液 pH 值随时间的变化

（四）渗滤液 COD 的变化

图 5-29 给出了矿化垃圾和 Mg 系固化剂改性填埋单元 COD 随时间的变化关系。由图可知，固化填埋单元渗沥液 COD 在整个监测期间，一直维持在较高的浓度范围，约 6 000~7000mg/L，即使在第 310 天时，其 COD 浓度依然高达 6500mg/L；而矿化垃圾改性单元的渗沥液 COD 较低，在填埋初期约为 2500mg/L，随后出现小幅度下降，在第 310 天时，COD 浓度降至 1000mg/L 左右。

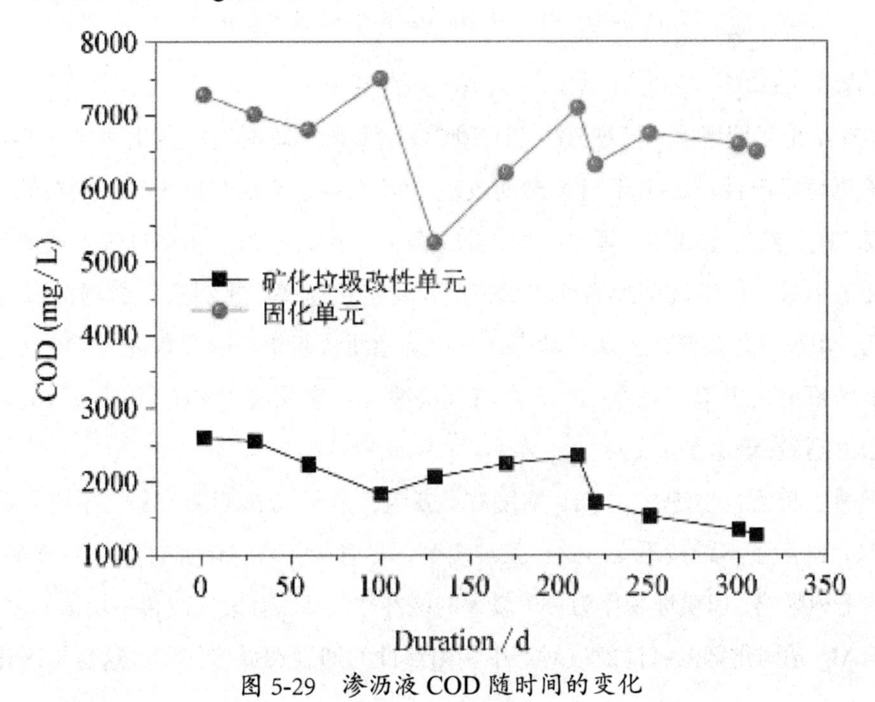

图 5-29　渗沥液 COD 随时间的变化

（五）渗滤液 NH_3 – N 的变化

图 5-30 给出填埋单元渗沥液 NH_3 — N 随时间的变化规律。与 COD 变化趋势相似，矿化垃圾改性可以显著降低渗滤液的 NH_3 — N 浓度，填埋初期的 NH_3 — N 约为 1000mg/L，随着填埋时间的延长出现轻微下降，在第 310 天，NH_3 — N 浓度降至约 583mg/L。相比而言，Mg 系固化剂改性填埋单元渗沥液 NH_3 — N 的初始浓度高达 2500mg/L，从第 250 天起，NH_3 — N 浓度出现大幅升高，并第 310 天达到最大，约为 4024mg/L。

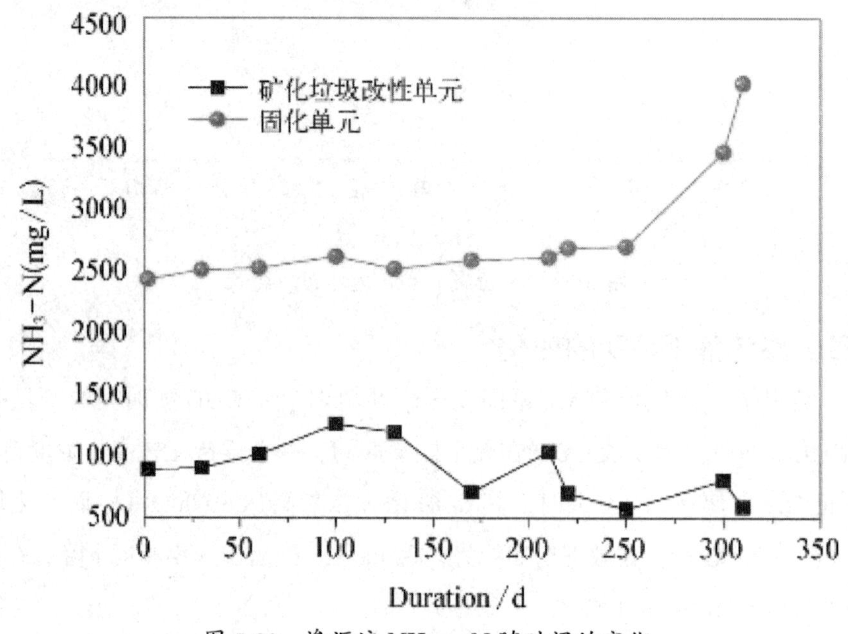

图 5-30　渗沥液 NH_3 — N 随时间的变化

（六）填埋气中 CH_4 和 CO_2 浓度的变化

图 5-31 给出了填埋单元填埋气中 CH_4 和 CO_2 含量随填埋时间的变化规律。由图 5-31（a）可知，矿化垃圾改性单元由于封场时间较晚（第 70~90 天左右封场），仅在第 100 天检出低浓度 CH_4，约为 10%。填埋单元的长期开发式暴露，导致大量空气进入填埋堆体，厌氧环境无法形成，产甲烷菌酶活性严重抑制，稳定化速率严重滞后。封场覆盖后，O_2 被快速消耗，填埋堆体逐渐步入厌氧状态，产甲烷菌便从起初的适应期进入了旺盛生长期，此时 CH_4 浓度随之升高。在第 170 天左右，填埋气收集系统中 CH_4 浓度达到最大，约为 80%，此后维持在该水平。

对于固化单元，填埋气中 CH_4 浓度在 25d 内，从封场初期的 5% 上升到了最大值的 75%~80%，随后基本维持不变。这一发现表明，尽管 Mg 系固化剂对污泥渗沥液的 pH 值有显著的不利影响，但填埋场作为一个较大的缓冲体，可以有效地改善甲烷菌的生存环境，从而抵消 Mg 系固化剂的碱性效应对产甲烷菌活性的抑制和危害作用，这也是固化污泥始

终保持较高 CH_4 产量的主要原因。

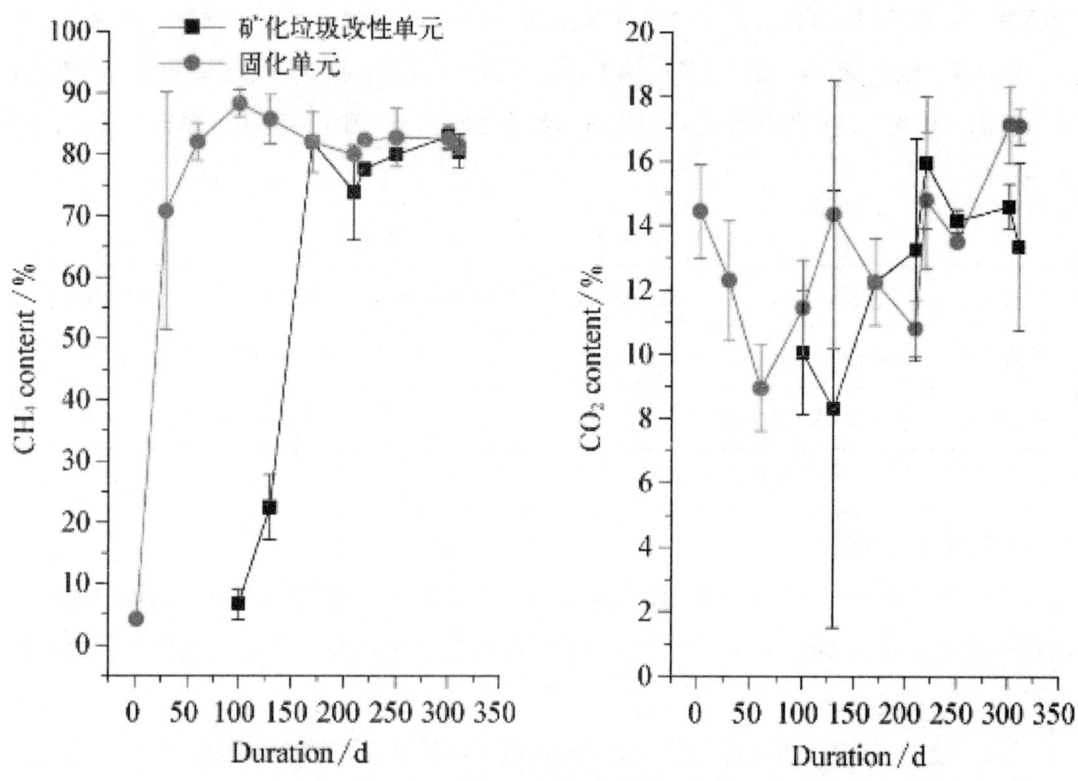

图 5-31　填埋气组成随时间的变化

图 5-31（b）描述了填埋气中 CO_2 浓度随填埋时间的变化规律，可以看出，填埋初期，矿化垃圾改性单元的 CO_2 浓度约为 8%，随着时间的推移，从第 150 天起，CO_2 浓度基本维持在 15% 左右，表明该填埋单元开始进入了污泥厌氧产 CH_4 阶段，这与 CH_4 浓度的变化趋势基本吻合。相比而言，固化单元 CO_2 浓度有明显不同，其从填埋初期即维持在 15% 左右，随后基本维持不变，表明 Mg 系固化剂不会对污泥稳定化进程产生明显不利影响，这与填埋单元 CH_4 浓度的变化规律基本一致。

（七）污泥稳定化时间的预测

污泥在填埋场内的降解是物理、化学和生化反应综合作用的结果，其中，生化反应占主导作用，所以可从微生物作用规律推导理论模型。研究表明：污泥填埋后，VS 含量即呈指数形式衰减，污染物的溶出为一级反应过程：

$$C_t = C_0 e^{-kt} \tag{5-11}$$

式中，C_t，模拟填埋场污染物浓度；C_0，污染物初始浓度；k，衰减系数；t，模拟填埋场封场后的时间。

以土壤中 VS 含量上限 100mg/g（10wt.%），作为污泥中 VS 降解的下限，根据实测数据，对测得的污泥 VS 含量与时间的关系进行了拟合，得到污泥 VS 与时间的定量化数学关系，并根据拟合关系式，对 VS 含量达到 10wt.% 所需时间进行了预测，如表 5-4 所示。利用拟合关系式可以预测任何时间填埋污泥的 VS 含量，指导污泥填埋实践。由表 5-4 可以看出，矿化垃圾改性污泥的稳定化时间约为 2.2 年，而固化污泥填埋单元的较长，约为 3.4 年。

表 5-4　改性污泥稳定化时间预测

污泥种类	拟合公式	相关系数 R2	时间范围 /d	衰减系数	＜ 100mg/g
矿化单元	y=24.8791e-0.0012t	0.10558	310 ≥ t ≥ 2	0.0012	2.2 年
固化单元	y=26.206e-0.000807t	0.2223	310 ≥ t ≥ 100	0.000807	3.4 年

注：y 表示 VS 含量（mg/g）

（八）小结

（1）以 Darcy 定律为理论基础，优化和构建污泥填埋气竖井收集系统。污泥填埋时，渗透系数应≥ 10 － 8m²/（Pa·s），抽气负压 pb 取 25～30kPa 时，填埋气收集竖井的影响半径 R_{oi} 约为 10～11.5m。

（2）建设 2 座万 t 级改性污泥卫生填埋示范工程，通过填埋库区防渗、渗滤液收集、填埋气导排与收集、填埋作业施工过程以及封场覆盖等设计优化，确定了改性污泥卫生填埋施工工艺，形成改性污泥安全卫生填埋集成技术新体系。

（3）以 Mg 系固化剂为污泥改性剂，开展固化污泥稳定化模拟追踪试验。投加量为 1wt.% 对污泥稳定化具有明显促进作用，35d 的累积产气量达 4 253.75mL/kg 污泥，而纯污泥仅 1 922.5mL/kg 污泥；投加量＞ 3wt.% 时，污泥稳定化过程受到严重阻碍，几乎无 CH_4 生成。热重分析表明，投加量为 1wt.% 的污泥中大分子有机物降解速率最快，其热解残渣从第 1 天的 41.67wt.% 增至第 35 天的 48.87wt.%。而投加量＞ 3wt.% 时，第 1 和 35 天的热重曲线几乎重合。元素分析亦证实，固化剂投加量为 1wt.% 时，35d 后的 C、N 和 H 降解率分别达 10.92%、16.52% 和 14.69%；投加量＞ 3wt.% 时，污泥均表现出较差的可降解性，投加量越高，元素降解率越低。

（4）卫生填埋示范工程揭示，矿化垃圾作为污泥改性剂，可明显加速污泥稳定化进程，在 310d 矿化垃圾改性污泥的 VS 可降至约 20.0wt.%，而固化污泥的 VS 约为 26.2wt.%；矿化垃圾有效降低渗沥液 COD 和 NH_3 － N 浓度，而固化单元的 COD 和 NH_3 － N 浓度始终维持在较高的水平；以 VS 为稳定化指标的矿化预测结果显示：矿化垃圾改性污泥的稳定化时间约为 2.2a，而固化污泥稳定化时间相对较长，约为 3.4a。

参考文献

[1] 张军，左薇，田禹，詹巍，张天奇 . 面向能源与资源利用的城镇污水污泥高温热解技术 [M]. 哈尔滨：哈尔滨工业大学出版社，2022.

[2] 杨春雪，王羚 . 污泥处理生物强化技术 [M]. 北京：化学工业出版社，2022.

[3] 龙焙，程媛媛 . 好氧颗粒污泥的培养及处理实际废水稳定性 [M]. 北京：冶金工业出版社，2020.

[4] 廖传华，杨丽，郭丹丹 . 污泥资源化处理技术及设备 [M]. 北京：化学工业出版社，2022.

[5] 曹达啟 . 污水中高分子物质的回收 [M]. 北京：化学工业出版社，2021.

[6] 欧家丽，高春娣，韩颖璐，杨箫阳，程丽阳，彭永臻 . 温度对好氧颗粒污泥系统污泥膨胀的影响 [J]. 中国环境科学，2023，(第 4 期)：1716-1723.

[7] 徐展，衡世权，王仁雷，唐国瑞，兰永龙，梁中亚 . 污泥综合利用研究进展 [J]. 山东化工，2023，(第 2 期)：79-81.

[8] 王晶，霍征征，苏根华 . 污泥的资源化利用途径 [J]. 江苏建材，2023，(第 2 期)：1-3.

[9] 赵冰，柳晓燕，李胜红，朱芬芬 . 污泥基生物炭提升活性污泥系统处理性能 [J]. 中国环境科学，2022，(第 7 期)：3156-3163.

[10] 陆已畅，程家齐，王重阳 . 污泥厌氧发酵及污泥发酵液产 PHA 的研究 [J]. 河南科技，2022，(第 3 期)：116-119.

[11] 章华熔，吴军海，王正阳 . 污泥干燥特性实验研究 [J]. 节能与环保，2022，(第 8 期)：70-72.

[12] 李海燕，臧芳，路学喜 . 含油污泥处理技术的研究 [J]. 石化技术，2022，(第 8 期)：48-50.

[13] 韩冬云，曹蕊，曹祖斌 . 含油污泥低温热解 [J]. 沈阳大学学报 (自然科学版)，2022，(第 3 期)：169-174，182.

[14] 朱来松，袁劲梅，赵珍 . 污泥干化污水处理 [J]. 山东化工，2020，(第 9 期)：270-274.

[15] 冯国红 . 城市污泥强化脱水技术 [M]. 北京：化学工业出版社，2019.

[16] 张建丰 . 活性污泥法工艺控制第 3 版 [M]. 北京：中国电力出版社，2021.

[17] 李军 . 好氧颗粒污泥污水处理技术研究与应用 [M]. 北京：科学出版社，2021.

[18] 魏源送，王亚炜，刘吉宝 . 基于微波预处理的污泥减量化和资源化技术 [M]. 北京：科学出版社，2021.

[19] 李小明，邢相栋，吕明 . 不锈钢酸洗污泥资源化利用 [M]. 北京：冶金工业出版社，2020.

[20] 王维红 . 好氧颗粒污泥处理季节性生产废水系统的高效控制策略及不同培养条件下的微生物种群演替 [M]. 天津：天津科学技术出版社，2020.

[21] 张丹丹，郭志勇，周薇薇，郭鹏飞 . 臭氧化污泥回流对污泥减量的影响 [J]. 中国资源综合利用，2022，(第 6 期)：193-195.

[22] 杨世明 . 新型污泥干化技术在印染污泥处理上的应用 [J]. 节能与环保，2021，(第 8 期)：95-96.

[23] 魏子凯，杨昂超，张文学，甘栋元 . 市政污泥处置研究进展 [J]. 云南化工，2021，(第 12 期)：4-7.

[24] 袁红玲 . 工业污泥处理技术研究 [J]. 氮肥与合成气，2021，(第 7 期)：1-5.

[25] 绿色低碳的污泥处理工程 [J]. 流程工业，2021，(第 3 期)：24-25.

[26] 郑龙行，黄乾泽，姚璐，谢庆文 . 污泥低温干化系统技术及经济分析 [J]. 大众标准化，2023，(第 2 期)：159-160，163.

[27] 刘晓玲 . 市政污泥资源化新技术 [M]. 北京：科学出版社，2019.

[28] 王业耀，曹宏斌，马广文，何立环，熊梅 . 中国化工行业污泥污染现状及控制策略研究 [M]. 北京：中国环境出版社，2019.

[29] 张晓斌 . 污泥流变特性、壁面滑移及流动阻力特性研究 [M]. 咸阳：西北农林科技大学出版社，2019.

[30] 姚立阳 . 城市污泥沼渣沥青胶浆性能研究 [M]. 北京：中国建材工业出版社，2019.

[31] 刘传 . 污水处理厂污泥处理方式分析 [J]. 区域治理，2022，(第 37 期)：184-187.

[32] 夏杨，刘晓静，张云富，张翀，郭钊搏，李峰 . 剩余污泥处置技术现状与展望 [J]. 中国资源综合利用，2023，(第 3 期)：92-97.